Sinisa Krecak

Laufzeitmessung von RFID-Signalen zur ortsauflösenden Objektlokalisierung

GRIN Verlag

Bibliografische Information der Deutschen Nationalbibliothek:

Die Deutsche Bibliothek verzeichnet diese Publikation in der Deutschen National-
bibliografie; detaillierte bibliografische Daten sind im Internet über http://dnb.d-
nb.de/ abrufbar.

Impressum:

Copyright © 2005 GRIN Verlag GmbH
Druck und Bindung: Books on Demand GmbH, Norderstedt Germany
ISBN: 978-3-656-52479-3

Dieses Buch bei GRIN:

http://www.grin.com/de/e-book/109470/laufzeitmessung-von-rfid-signalen-zur-
ortsaufloesenden-objektlokalisierung

GRIN - Your knowledge has value

Der GRIN Verlag publiziert seit 1998 wissenschaftliche Arbeiten von Studenten, Hochschullehrern und anderen Akademikern als eBook und gedrucktes Buch. Die Verlagswebsite www.grin.com ist die ideale Plattform zur Veröffentlichung von Hausarbeiten, Abschlussarbeiten, wissenschaftlichen Aufsätzen, Dissertationen und Fachbüchern.

Hochschule Reutlingen
Reutlingen University

Fraunhofer Institut
Produktionstechnik und
Automatisierung

Diplomarbeit

Laufzeitmessung von RFID - Signalen zur ortsauflösenden Objektlokalisierung

Eingereicht von Siniša Krečak

Erklärung

Ich versichere, dass ich diese Arbeit selbstständig verfasst, keine anderen als die angegebenen Quellen und Hilfsmittel benutzt sowie alle wörtlich oder sinngemäß übernommenen Stellen in der Arbeit gekennzeichnet habe. Die Arbeit wurde noch keiner Kommission zur Prüfung vorgelegt und verletzt in keiner Weise Rechte Dritter.

_____   _____
(Ort, Datum)   (Unterschrift)

Abstract

The automated handling of objects with help by robots requires in advance knowledge of the position and orientation of an object in space. Such object localisations are based on imaging processes, which are still having interferences or are not usable.

The idea is to create a concept for localization of objects with RFID-Tags resources.

Arithmetic techniques for localization of objects in a space with the appending conversion into the hardware are investigated. Thereby the time measurement systems must fulfil peculiar requirements.

After various arithmetic techniques for object localization were examined and neither of them was found suitable for this problem, a new algebraic approach was realized for location of objects by means of transit time measurements. The new developed system of equations is not only applicable in RFID area but also everywhere, where one object located on one appointed frequency sends out one signal.

The conversion for positioning of objects into hardware rests upon on the new arithmetic technique. For the verification of this arithmetic technique a transit measuring examination was conducted between two receiving signals on the antennas. Through this it is now possible theoretically to measure the distance of one object stationed exactly between two antennas without any internal processing time of the localizing object and without having to consider for time.

Through the realization there will be elaborated at most the problematic with filters, amplifying signals, signal conversion and the time registration with the time to digital converter. The measured time or the calculated distance will be outputted with a microcontroller to the pc system.

Danksagung

Die vorliegende Arbeit entstand im Rahmen meiner Tätigkeit als Diplomand am Fraunhofer Institut für Produktionstechnik und Automatisierung in Stuttgart.

In erster Linie danke ich Herrn Dipl.-Wirtsch.-Ing. D. Fritsch für die Betreuung dieser Arbeit. Er hat mich stets bei allen wissenschaftlichen Vorhaben während der Arbeit unterstützt.

Meinem verehrten Lehrer, Herrn Prof. Dr.-Ing. W. Eissler, danke ich sehr herzlich für die Anregung zu dieser Arbeit und für die wertvolle Hinweise und Ratschläge bei ihrer Durchführung.

Ich danke meiner Familie für die Förderung und die Anteilnahme an meiner Arbeit.

Zu guter Letzt danke ich meiner Freundin, die mir einen entscheidenden Rückhalt beim Anfertigen sowie bei der Korrektur dieser Arbeit war.

Stuttgart, im Januar 2005   Siniša Krečak

Inhaltsverzeichnis

Seite

Abkürzungsverzeichnis

A	Ampere
a	atto = 10^{-15}
AM	Amplitudenmodulation
AoA	Angle of Arrival
as	Attosekunde
ASK	Amplitudentastung
Ax	x-Koordinate einer Antenne
Ay	y-Koordinate einer Antenne
Az	z-Koordinate einer Antenne
c	Lichtgeschwindigkeit $2.9977925 \cdot 10^8$ m/s
COO	Cell of Origin
d	Abstand
DFT	Discrete Fourier-Transformation
DGPS	Differential GPS
EAS	Electronic Article Surveillance
EGNOS	European Geostationary Navigation Overlay Service
EIRP	Effective isotropic radiated power
EMV	Elektromagnetische Vorschriften
ERP	Effective radiated power
E-OTD	Enhanced observed time difference
F	Farad
f	Frequenz in Hz
FM	Frequenzmodulation
FSK	Frequenztastung
G	Giga = 10^9
GLONASS	GLObal NAvigation Satellite System
GPS	Global Positioning System
GSM	Groupe Special Mobile
H	Henry (Magnetische Feldstärke)
HF	High Frequency (f = 3 - 30 MHz)
Hz	Hertz
ISM	Industrial Scientific Medical
ISO	Industrial Organisation for Standardization
ITU	International Telecommunication Union
LF	Low Frequency (f = 30 - 300 kHz)
Lx	x-Koordinate einer Antenne

Ly	y-Koordinate einer Antenne
Lz	z-Koordinate einer Antenne
M	Mega = 10^6
MPS	Mobile Positioning System
N	Anzahl der Wellenlängen
n	nano = 10^{-9}
NRZ	Non Return to Zero
OTP	One time programmable
p	pico = 10^{-12}
PC	Personal Computer
PDOA	Phase Difference of Arrival
PM	Phasenmodulation
PSK	Phasentastung
r	Radius bzw. Entfernung eines Objektes zur Antenne
RADAR	Radio detection and ranging
RFID	Radio Frequency Identification
RSSI	Radio Signal Strength Indicator
RTT	Round Trip Time
RZ	Return to Zero
S	Steilheit
T	Das zu lokalisierende Objekt (Transponder)
t	Zeit
TDC	Time to Digital Converter
TDOA	Time Difference of Arrival
TTL	Time to Live
TOA	Time of Arrival
UHF	Ultra High Frequency (f = 300 MHz - 3 GHz)
UTDOA	Uplink Time Difference of Arrival
WAAS	Wide Area Augmentation System
WIPS	Wireless Internet Payment System
WLAN	Wireless Local Area Network
xt	x-Koordinate des Objektes
yt	y-Koordinate des Objektes
zt	z-Koordinate des Objektes
λ	Wellenlänge (λ = c/f)
μ	Mikro = 10^{-6}
Θ	Teilstück einer Wellenlänge

1 Einleitung

In der Einleitung werden die Notwendigkeit, die Beschreibung der Probleme, die Zielsetzung, sowie die Vorgehensweise dieser Diplomarbeit erläutert.

1.1 Motivation

Identifizierung per Funk (engl. Radio Frequency Identification, RFID) ist eine Methode um kontaktlose Daten lesen und speichern zu können. Die Technik wurde ursprünglich im zweiten Weltkrieg entwickelt, um "Freund vom Feind" zu unterscheiden./1/

In den 60er Jahren wurden die ersten kommerziellen Vorläufer der RFID- Technologie auf den Markt gebracht. Es handelte sich dabei um elektronische Warensicherungssysteme. Es war nur möglich, eine 1-Bit-Information zu übertragen, es konnte also nur das Vorhandensein oder das Fehlen der Markierung geprüft werden. Die Systeme basierten auf Mikrowellentechnik oder Induktion (Magnetfelder)./9/

In den 70er Jahren wurde die RFID- Technologie eingesetzt um Tiere zu kennzeichnen. Neue Einsatzfelder in der Automatisierung sowie im Straßenverkehr wurden gesucht./9/

Gefördert wurde die Technologie in den 80ern besonders durch die Entscheidung mehrerer amerikanischer Bundesstaaten sowie von Norwegen, RFID im Straßenverkehr für Mautsysteme einzusetzen./9/

In den 90ern setzte sich die RFID- Technik für Mautsysteme weiter in den USA durch. Es wurden neue Einsatzgebiete für RFID erschlossen, in dem Systeme für Zugangskontrollen, bargeldlosem Zahlen, Skipässe, Tankkarten, etc. entwickelt wurden.

Das Jahr 2000 brachte einen starken Preisverfall s.Abb.1.0 der RFID- Technik durch Massenproduktion mit sich, der den Einsatz von RFID -Tags auch in Verbrauchsgegenständen ermöglichte. Die Technologie hatte sich allerdings so schnell entwickelt, dass es versäumt worden war, Industriestandards zu definieren./1/

Patent US06018299

Radio frequency identification tag having a printed antenna and method

Motorola Inc, issued 01/25/2000

„A radio frequency identification tag includes a radio frequency identification tag circuit chip coupled to an antenna including a conductive pattern *printed* onto a substrate. The substrate may form a portion of an article, a package, a package container, a ticket, a waybill, a label and/or an identification badge..."

Abb.1.0   Patentanmeldung /10/

Heute wird die RFID- Technik eingesetzt, um die Identifikation von Objekten über maschinenlesbare Barcodes hauptsächlich zu ersetzen. Dies wird besonders durch die schnellere Taktzeit und einfacherer Handhabung der RFID- Systemen in den automatisierten Anlagen begründet.

Die Zukunft verbirgt bei der ortsauflösenden Lokalisierung von Transponder in Gebäuden ein großes Potential. Insbesondere bei den passiven Transpondern. Diese benötigen keine zusätzliche Stromversorgung und sind in sehr kleinen und dünnen Formen erhältlich.

Zumal die RFID- Systeme über elektromagnetischen Wellen kommunizieren, ist es naheliegend, die Lokalisierung dieser Transponder durch unterschiedliche Signalcharakteristiken zu untersuchen.

Am Fraunhofer Institut in Stuttgart gibt es nun die Möglichkeit einen Beitrag zu dieser rasanten Entwicklung im Rahmen der Diplomarbeit beizusteuern.

1.2   Problemstellung und -abgrenzung

Bei der Lokalisierung von Objekten gibt es bereits eine Vielzahl von etablierten Prinzipien. Die meisten Verfahren basieren auf der Analyse und Verarbeitung von Signalcharakteristiken.

Für einige Systeme davon ist ein aktives und somit wartungsunfreundliches Zusatz-Equipment (z.B. batteriebetriebene Sender) notwendig, dass an ein Ortungsobjekt zu koppeln ist. Bei anderen ist sogar eine Sichtverbindung zwischen Objekt und Meßsystem erforderlich (z.B. Bildverarbeitung), die jedoch störanfällig oder nicht anwendbar ist. Störfaktoren sind u. a. diffuses Licht und Staub.

Auf der konzeptuellen Ebene soll ein Verfahren zum Lokalisieren von Objekten mit Hilfe der RFID- Transponder entwickelt werden. Dabei soll vor allem nach geeigneten Berechnungsverfahren, hochpräzisen Meßsystemen und für die Objektlokalisierung geeigneten RFID- Systemen recherchiert werden. Eine detaillierte Verhaltensanalyse von elektromagnetischen Wellen in elektronischen Bauelementen sowie die Entwicklung neuer RFID Transponder zählen nicht dazu.

1.3 Ziel der Arbeit

Die Aufgaben der Diplomarbeit befassen sich mit folgenden Themen:

- Erarbeiten von Grundlagenwissen über die RFID- Technik,

- Beschaffung eines geeigneten passiven RFID– Systems zur Objektlokalisierung mit dem Hauptmerkmal Reichweite,

- Beschaffung von Messinstrumenten zur Analyse von RFID- Signalen,

- Untersuchung der übertragenden Signale bei der Kommunikation zwischen einen RFID- Lesegerät und Transponder, für mögliche Ansatzpunkte bei der Laufzeitmessung bzw. Objektlokalisierung,

- Analyse theoretischer Verfahren zur Objektlokalisierung,

- Analyse theoretischer Verfahren bei der Hardwareumsetzung, insbesondere die hohe Anforderungen an das Zeitmeßsystem,

- Konzepterstellung zur ortsauflösenden Lokalisierung der RFID- Transponder und gegebenenfalls Realisierung mit Hilfe eines dieser Verfahren.

1.4 Vorgehen

Die Ziele der Diplomarbeit wurden bereits im Kapitel 1.3 näher spezifiziert. Hier werden die Vorgehensweisen und die Ziele näher erläutert:

- RFID- Technik ist neu und wird momentan nicht an den Hochschulen gelehrt, deshalb gilt sich zuerst, in die Thematik einzuarbeiten,

- Nachdem ausführlich in Fachbüchern, Internet, Dissertationen und Patentblättern über das Thema RFID recherchiert worden ist, gilt es sich nun das Grundlagenwissen über die Objektlokalisierung anzueignen. Die Recherche nach angebrachten Berechnungsverfahren erfolgt analog zu RFID,

- Eine Recherche nach einen geeigneten Zeit- oder Winkelmeßsystemen, dass die hohen Anforderungen zu erfüllen hat erfolgt als nächstes sowie deren Anschaffung,

- Zeitgleich erfolgt die Anschaffung eines passiven RFID- Systems,

- Durch die hohe Frequenzbandbreite der RFID- Systeme werden Oszilloskope und ein Spektrumanalysator für die Signalanalyse benötigt. Darauf erfolgt eine Anfrage an die verschiedenen Hersteller um sicherzustellen in welchem Umfang die Verfügbarkeit und die Kosten eine Rolle spielen,

- Um die gemessenen Parameter zu verarbeiten wird ein geeigneter Mikrocontroller ausgesucht und in Betrieb genommen. Später sollen alle Komponenten durch den Mikrocontroller gesteuert werden. Infolgedessen soll auch ein kompletter Systemaufbau ausgearbeitet werden,

- Als nächstes werden die mathematischen Gleichungssysteme zur Positionsbestimmung aufgestellt. Diese dienen als Grundlage zum weiteren Systemaufbau,

- Die Hardwareumsetzung basiert auf der Auswahl eines der Berechnungsverfahren. Nach diesem arithmetischen Verfahren wird das Konzept bzw. Umsetzung in die Hardware realisiert,

- Für die Kommunikation zwischen einen System zur Lokalisierung von Objekten und dem PC wird ein Mikrocontroller ausgesucht. Dieser wird für die Berechnung der Positionen unter umständen zuständig sein.

2 Grundlagen

Dieses Kapitel beinhaltet eine kurze Einführung über die allgemeine Thematik der RFID- Systeme. Die Ansätze und Hilfsmittel zur Objektlokalisierung sowie die verwendeten Messinstrumente werden vorgestellt.

2.1 Radio Frequenz Identifikation

Eine Möglichkeit, mit Funksignalen Objekte zu lokalisieren, stellen RFID- Transponder dar. RFID- Transponder sind kleine Systeme mit Prozessor, Speicher und Antenne, die jedoch über keine eigene Stromversorgung verfügen s.Abb.2.0. Die notwendige Energie zum Arbeiten wird aus den Funksignalen über die Antenne gewonnen, welche aus einem Schreib-/Lesegerät ausgesendet werden. So können Daten in den Speicher geladen oder zurückgefunkt werden. In der Regel wird eine Objekt ID an das System übermittelt./11/

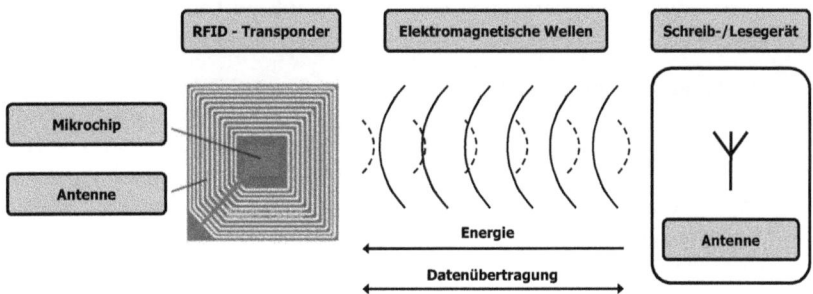

Abb.2.0   RFID Grundprinzip

Das Gebiet der berührungslosen Identifikationssysteme ist sehr komplex, deshalb sind einige Unterscheidungsmerkmale zu betrachten s.Abb.2.1. RFID- Systeme sind zu unterscheiden bezüglich der Bauform der Transponder, der Energie- und Datenübertragung, der Übertragungsfrequenz, der Modulationsverfahren und der Reichweite.

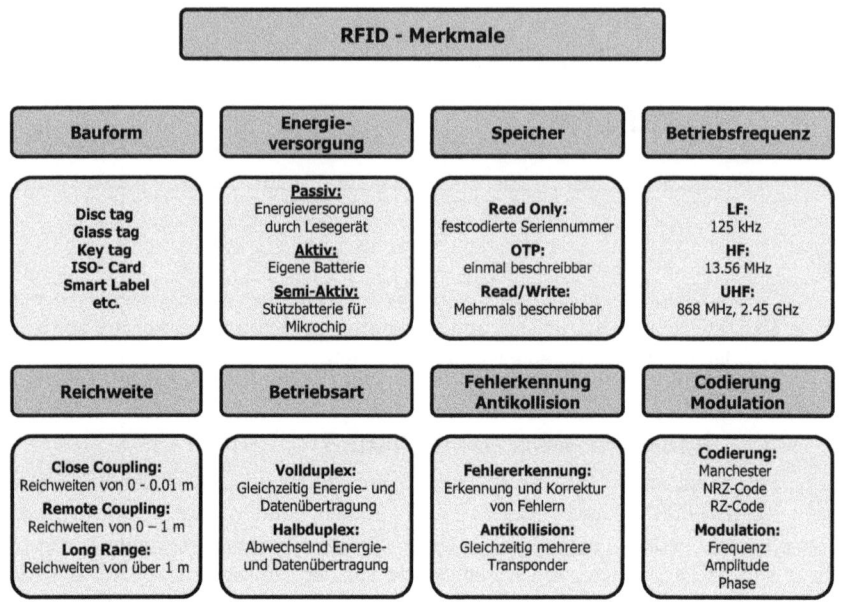

Abb.2.1   Unterscheidungsmerkmale von RFID- Systemen

Mit RFID- Transponder wird jedoch keine Positionsbestimmung durchgeführt. Es dient lediglich zur Verfolgung von Objekten anhand von Wegpunkten (Transport, Produktion).

Bauformen der Transponder

Transponder gibt es in den unterschiedlichsten Formen s.Abb.2.2. Die Form eines Transponders hängt von dem Einsatzgebiet und der eingesetzten Frequenz ab. Auch das Material des Gehäuses ist auf die Anwendung anpassbar. Somit können Transponder sowohl in rauer Industrieumgebung als auch im Dienstleitungsbereich eingesetzt werden.

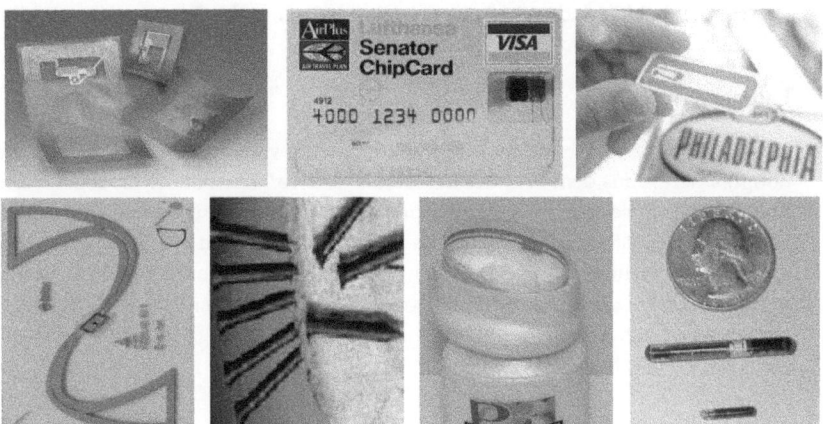

Abb.2.2 Bauformen der Transponder

Reichweite

Die RFID- Systeme werden bezüglich ihrer Reichweite in drei Bereiche unterteilt, Close Coupling-, Remote Coupling- und Long-Range-Systeme.

o Close Coupling

Bei Close Coupling-Systemen liegt die Reichweite im Bereich zwischen d = 0 - 1 cm. Der Betrieb von Close Coupling-Systeme ist im Frequenzbereich zwischen f = 1 Hz – 30 MHz möglich. Anwendung finden die Close Coupling-Systeme bei elektronischen Türschließanlagen oder bei kontaktlosen Chipkartensystemen mit Zahlungsfunktion./3/

o Remote Coupling

Remote Coupling- Systeme verfügen über eine Reichweite von bis zu d = 1 m. Die Kopplung zwischen Lesegerät und Transponder ist bei Remote Coupling- Systemen induktiv (magnetisch). 90 – 95 % aller verkauften RFID- Systeme gehören zu den induktiv gekoppelten Systemen s.Abb.2.7. Remote Coupling- Systeme arbeiten bei Frequenzen zwischen f = 100 kHz, 135 kHz, 6.75 MHz, 13.56 MHz und 27.125 MHz./3/

o Long-Range

Mit Long-Range-Systemen werden Reichweiten von d ≥ 1 – 10 m und größer erreicht. Diese Systeme arbeiten im Mikrowellenbereich, bei Frequenzen von f = 915 MHz, 2.45 GHz, 5.8 GHz, 24.125 GHz. Solche Systeme unterscheiden sich von den beiden anderen in der Energieversorgung der Transponder und im Datenübertragungsverfahren.

Energieversorgung

Passive Transponder besitzen keine eigene Energieversorgung. Sie beziehen die benötigte Energie aus dem Feld des Lesegeräts. Aktive Transponder hingegen verfügen über eine Batterie, die zum Betrieb des Mikrochips benötigt wird. Eine induktive Kopplung besteht zwischen der Spule im Transponder und der Spule im Lesegerät. Eine Voraussetzung, damit das System überhaupt funktioniert, ist, dass die Entfernung zwischen Lesegerät und Transponder sehr viel kleiner ist, als die Wellenlänge der verwendeten Frequenz s.Abb.2.3. Das bedeutet, dass diese RFID- Systeme im Nahfeld einer Antenne arbeiten.

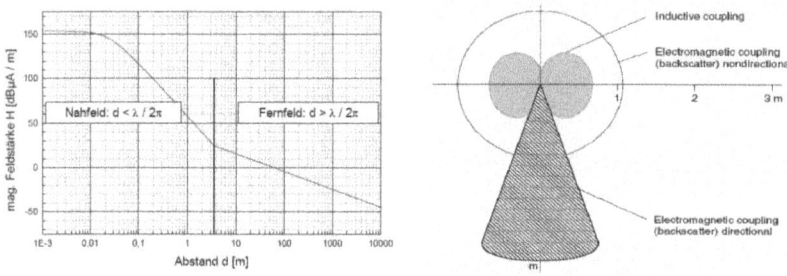

Abb.2.3   Nahfeld, Fernfeld und Richtcharakteristik der RFID- Antennen /3/

Unmittelbar an der Antenne wird ein magnetisches Feld erzeugt, das elektrische Feldlinien in den Raum induziert. Bei einer Entfernung von $\lambda/2\pi$ löst sich das elektromagnetische Feld von der Antenne ab und wandert als elektromagnetische Welle in den Raum./3/ Die theoretisch maximale Entfernung zwischen einen Transponder und einen Lesegerät bei einer Frequenz von f = 13.56 MHz beträgt d = 3.51 m.

Das erzeugte Magnetfeld des Lesegeräts fällt mit zunehmender Entfernung d um d^{-3} ab. Das bedeutet, dass eine Verdoppelung der Feldamplitude zu einer Vergrößerung der Reichweite um den Faktor 1.26 führt. Bei Entfernungen bis zu einem Meter und größer muss die Sendeleistung des Lesegerätes erheblich erhöht werden. Aufgrund der gängigen EMV- Vorschriften ist eine uneingeschränkte Erhöhung der Sendeleistung nicht möglich. Diese Systeme finden Einsatz im Frequenzbereich zwischen f = 100 kHz und 135 kHz (2400 m < λ < 3240 m) und bei einer Frequenz von f = 13.56 MHz (λ = 22.1 m)./2/

Datenübertragungsverfahren

Bei RFID- Systemen werden zwei unterschiedliche Verfahren zur Datenübertragung verwendet. Dabei ist zu unterscheiden zwischen Voll- und Halbduplexverfahren.

o Halbduplexverfahren (HDX)

Das Halbduplexverfahren zeichnet sich dadurch aus, dass die Energieübertragung und die Datenübertragung zwischen Lesegerät und Transponder abwechselnd statt finden. Transponder, die im Halbduplexbetrieb arbeiten, besitzen einen Kondensator auf dem Mikrochip, zur Speicherung der Versorgungsspannung. Sobald ein Transponder in das Feld eines Lesegerätes gelangt, wird er aktiviert. An der Antennenspule des Transponders wird eine Spannung induziert. Sie wird gleichgerichtet und lädt einen Kondensator auf. Somit steht dem Mikrochip eine Versorgungsspannung zur Verfügung. Der Transponder generiert ein vom Energieträger unabhängiges Datensignal und sendet dieses an das Lesegerät. Dieses Verfahren wird hauptsächlich bei induktiv gekoppelten Systemen eingesetzt./2/ Durch getrennte Daten- und Energieübertragung können beide Funktionen getrennt voneinander optimiert werden. Sie erzielen dabei einen besseren Wirkungsgrad als bei Vollduplexverfahren. Ein Nachteil sind die hohen Herstellungskosten.

o Vollduplexverfahren (FDX):

Das Vollduplexverfahren zeichnet sich dadurch aus, dass Energie- und Datenübertragung gleichzeitig stattfinden. Der Sender bewirkt eine ständige Energieübertragung, wenn das System aktiv ist. Parallel dazu erfolgt die Datenübertragung zwischen Sender und Empfänger. Einsatz finden diese Systeme zum Beispiel bei der Zutrittskontrolle. Sobald ein Code eingelesen wird, der in der Datenbank abgelegt ist, wird der Zugang frei gegeben./2/ Der Vorteil ist die einfache und kostengünstige Realisierung der Transponder. Die negativen Aspekte sind geringe Flexibilität und ein geringer Wirkungsgrad.

Im Folgenden werden Verfahren s.Abb.2.4 zur Datenübertragungsart beschrieben.

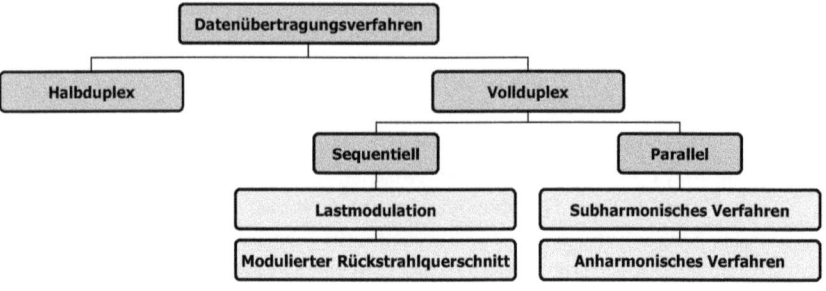

Abb.2.4 Datenübertragungsverfahren

Die **Lastmodulation** findet Einsatz bei induktiv gekoppelten Systemen. Für diese Modulationsart ist die Resonanzfrequenz des Transponders auf die Sendefrequenz des Lesegeräts abzustimmen. Sobald ein Transponder s.Abb.2.5 in das magnetische Wechselfeld eines Lesegerätes gelangt, gerät er in Resonanz. Dies bewirkt, dass dem Feld zusätzliche Energie entzogen wird. Über den Speisestrom der Antenne des Lesegerätes kann die zusätzlich entnommene Energie ermittelt werden. Im Transponder befindet sich parallel zum Schwingkreis ein Lastwiderstand, der den Schwingkreis dämpft. Durch Ein- und Ausschalten des Widerstands erfolgt die Modulation. Die Wirkung entspricht einer ASK- Modulation./2/

Das Verfahren des **modulierten Rückstrahlquerschnitts** wird fast ausschließlich bei Systemen im Mikrowellenbereich eingesetzt. Der Rückstrahlquerschnitt gibt Aufschluss darüber, wie stark ein Objekt elektromagnetische Wellen reflektiert. Antennen in Resonanz weisen einen besonders starken Rückstrahlquerschnitt auf.

Beispiel: Das Lesegerät s.Abb.2.5 strahlt eine Leistung P1 ab. Ein Teil der an der Antenne des Transponders ankommenden Leistung wird reflektiert. Die Reflexionseigenschaften der Antenne werden durch Ändern der an der Antenne angeschlossenen Last beeinflusst. Zur Modulation erfolgt am Antennenanschluss entweder ein Kurzschluss oder eine Leistungsanpassung. Der Kurzschluss bewirkt die vollständige Reflexion der empfangenen Energie. Eine Leistungsanpassung hat zur Folge, dass die empfangene Energie im Abschlusswiderstand absorbiert wird. Auf diese Weise erfolgt die Übertragung der im Transponder abgelegten Daten zum Lesegerät. Der modulierte Rückstrahlquerschnitt, auch „modulated backscatter" genannt, entspricht in der Wirkung der ASK- Modulation./2/

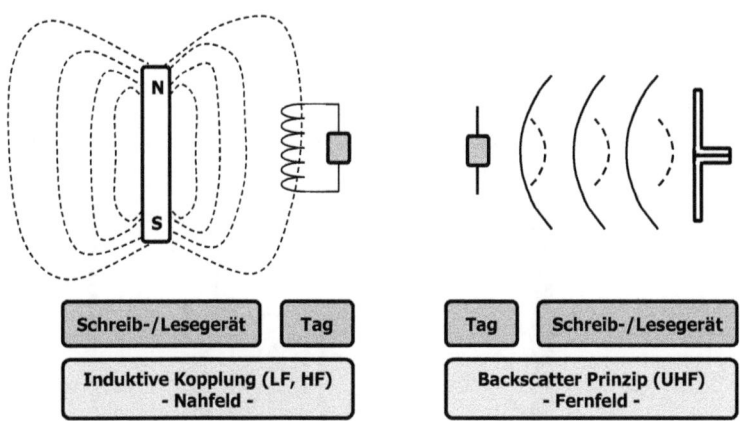

Abb.2.5 Unterscheidungsmerkmale von RFID- Transponder

Das **subharmonische Verfahren** wird häufig bei einer Arbeitsfrequenz von f = 128 kHz eingesetzt. Das bedeutet, dass die Sendefrequenz des Lesegerätes f = 128 kHz beträgt. Im Transponder erfolgt eine ganzzahlige Teilung, meist wird die Frequenz halbiert. Das erzeugte Signal wird mit den Daten im Transponder moduliert und zurück an das Lesegerät gesendet. Für die Realisierung dieses Verfahrens ist eine Transponderspule mit Mittelanzapfung notwendig./3/

Beim **anharmonischen oder oberwellen Verfahren** erfolgt die Datenübertragung durch FSK- Modulation. Das Lesegerät überträgt zum Transponder Erregerimpulse, die den Transponder mit Energie versorgen. Dieses Datenübertragungsverfahren findet bei Fixcodesystemen Anwendung. Ein Fixcodsystem besteht aus einer Leseeinheit und mehreren Codeträgern. Jeder Codeträger besitzt einen nicht veränderbaren Code. In der Leseeinheit sind die verschiedenen Codes abgelegt./3/

Übertragungsfrequenzen

RFID- Systeme erzeugen elektromagnetische Wellen und strahlen sie ab. Aus diesem Grund sind sie als Funkanlagen zu betrachten./2/ Es gibt spezielle Frequenzbereiche für Funkübertragungen s.Abb.2.6. Die wichtigsten Frequenzbereiche sind f = 0 – 135 kHz, 13.56 MHz, 27.125 MHz, 40.68 MHz, 433.93 MHz, 869 MHz, 915 MHz (nicht in Europa), 2.45 GHz, 5.8 GHz und 24.125 GHz. Jede Frequenz ist mit einer maximal erlaubten Sendeleistung zugelassen.

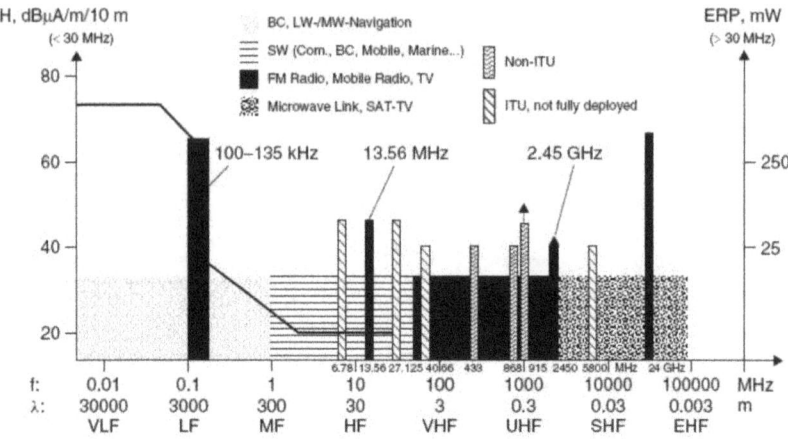

Abb.2.6   Frequenzbereiche /3/

Aus den möglichen Frequenzbereichen dieser RFID- Systeme haben sich nur vier deutlich durchgesetzt s.Abb.2.7.

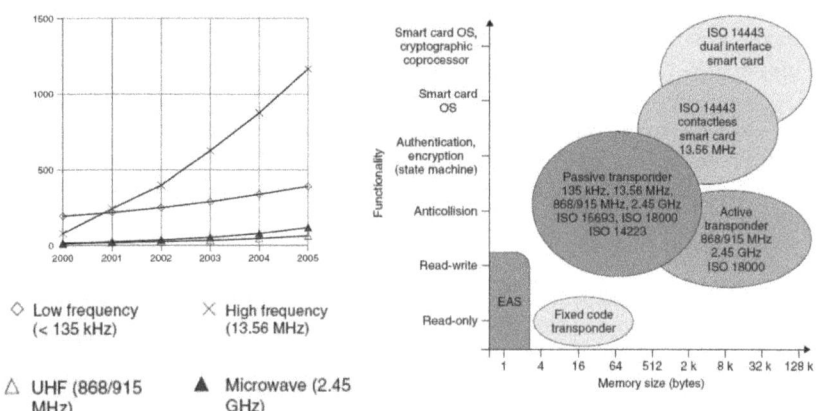

Abb.2.7   Verbreitung der Frequenzbereiche und ISO Normen /3/

Zu beachten ist, dass nicht in jedem Frequenzbereich eine Standardisierung stattfindet, d.h. dem Hersteller bleibt es überlassen wie die Kommunikation zwischen einem Transponder und einem Schreib-/Lesegeräts erfolgt.

Die kurzen Wellenlängen im UHF- Bereich ermöglichen für RFID- Systeme die Konstruktion von Antennen mit weitaus kleineren Abmessungen und besserem Wirkungsgrad, als dies auf Frequenzbereichen unter f = 30 MHz möglich wäre.

Modulationsverfahren

Eine drahtlose Übertragung von Signalen erfordert eine Umsetzung der Signale in eine höhere Frequenzlage. Dies wird durch die Modulation eines sinusförmigen Trägersignals erreicht. Ein Unterscheidungsmerkmal der verschiedenen Modulationsverfahren ist das modulierende Signal./2/ Je nach Modulationsverfahren findet eine Veränderung des Trägersignals in seiner Amplitude, Frequenz oder Phase statt.

Bei RFID- Systemen finden unterschiedliche analoge und digitale Modulationsverfahren Anwendung. Bei den analogen Modulationsverfahren handelt es sich um:

o Amplitudenmodulation (AM),

o Frequenzmodulation (FM) und

o Phasenmodulation (PM).

Hierbei dient ein analoges Signal zur Modulation des Trägers. Die digitalen Modulationsverfahren sind:

o Amplitudentastung (ASK),

o Frequenztastung (FSK) und

o Phasentastung (PSK).

Hier dient ein digitales Signal der Trägermodulation. Die Systemhersteller beschreiten bezüglich der verwendeten Modulationsarten sehr unterschiedliche Wege.

Codierung

Das Gebiet der Codierung ist sehr umfangreich und ist daher noch in weitere Bereiche zu unterteilen.

o NRZ- Code

o RZ- Code

o Manchester- Code

Fehlererkennung bei der Datenübertragung

Ein anderer Bereich der Codierung stellt die Fehlersicherung dar, auf die hier etwas genauer eingegangen wird. Bei jeder Datenübertragung treten Fehler auf, sei es bei der Übertragung mittels Leitungen oder über Funk. Deshalb ist es wichtig, im Empfänger eine Fehlererkennung oder eine Fehlerkorrektur zu integrieren. Zur Fehlererkennung gibt es verschiedene Verfahren, diese unterscheiden sich bezüglich der Sicherheit einen Fehler zu finden. Je größer die Übertragungssicherheit ist, desto höher ist auch der Aufwand für die Fehlererkennung. Tritt ein Übertragungsfehler auf, besteht die Möglichkeit, die Informationen nochmals zu senden oder eine Fehlerkorrektur anzuwenden./2/ Zur Erzeugung von Prüfcodes werden verschiedene Methoden eingesetzt. Das sind:

o   Querparität (VRC = Vertical Redundancy Check)

o   Längsparität (LRC = Longitudinal Redundancy Check)

o   Zyklische Blocksicherung (CRC = Cyclic Redundancy Check)

Speicher

Zu unterscheiden ist zwischen drei Arten von Transpondern bezüglich der Speicherart. Die Read-only-Transponder sind mit einem ROM ausgestattet. Bei der Herstellung wird eine Seriennummer vergeben und im ROM abgelegt. Die Transponder senden als Kennung ihre Seriennummer, sobald sie in das HF- Feld eines Schreib-/Lesegerätes gelangen. Der Vorteil ist die äußerst preisgünstige Fertigung der Transponder. Beschreibbare Transponder verfügen je nach Anwendung über ein SRAM mit einem Speicherbereich von 1 Byte bis 64 KByte. Die Datenübertragung erfolgt blockweise. Das heißt, eine definierte Anzahl von Bytes wird zu einem Block zusammengefasst und als Ganzes übertragen. Dadurch ist eine einfache Adressierung im Chip möglich. Transpondern mit Kryptofunktion ist ein zusätzlicher Speicher nötig, indem der geheime Schlüssel abgelegt wird. Das bewirkt, dass ein Auslesen und Überschreiben des Speicherinhalts durch unberechtigte Personen nicht möglich ist./2/

2.2   Ortsauflösende Objektlokalisierung

In diesem Abschnitt werden die verschiedenen Ansätze und Hilfsmittel zur Lokalisierung von Objekten angesprochen.

2.2.1 Ansätze

Bei der Lokalisierung von Objekten werden die Ansätze in drei Gruppen aufgestellt s.Abb.2.8.

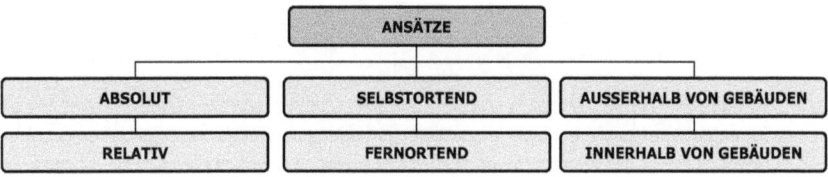

Abb.2.8 Ansätze

In der ersten Gruppe wird unterschieden zwischen einer absoluten oder relativen Positionsbestimmung.

o Bei der **absoluten** Positionsbestimmung ist die Kenntnis der Position unabhängig von der vorhergehender. Die zu lokalisierenden Objekte sind sich ihrer Position exakt bewusst (GPS).

o Die Kenntnis der vorherigen Position ist bei den **relativen** Verfahren nötig. Über Radsensoren ist es z.b. möglich durch die Integration von Geschwindigkeit und Beschleunigung die genaue aktuelle Position zu bestimmen. Diese kann mit der absoluten Positionierung ergänzt werden, wichtig bei Ausfall dieser Technik → Koppelnavigation (mobile Robotik).

In der zweiten Gruppe wird bestimmt wer für die Positionsbestimmung der Objekte zuständig ist.

o Die **selbstortenden** Systeme haben den Vorteil, dass die Privatsicherheit gegeben ist und keine Zugangskontrollen notwendig sind. Sie können sich selbst orten, d.h. die Positionsbestimmung selbst vornehmen.

o In **fernortenden** Systemen nimmt ein äusseres System die Ortung vor, meist ein Netzwerk. Der Nachteil eines solchen Systems liegt darin, dass die Privatsicherheit des zu lokalisierenden Objektes in diesem Fall nicht mehr gewährleistet ist und daher Zugangskontrollen benötigt werden. Diese Systeme sind kostengünstiger.

Welche Bereiche eine Ortung von Objekten umfasst sowie die dafür notwendige Infrastruktur wird in der letzten Gruppe erläutert.

Bei der Lokalisierung von Objekten wird primär zwischen der Lokalisierung **innerhalb** und **außerhalb** von Gebäuden unterschieden s.Abb.2.9, wobei das Netzwerkgestützte System sowohl innerhalb als auch außerhalb von Gebäuden vorkommen kann.

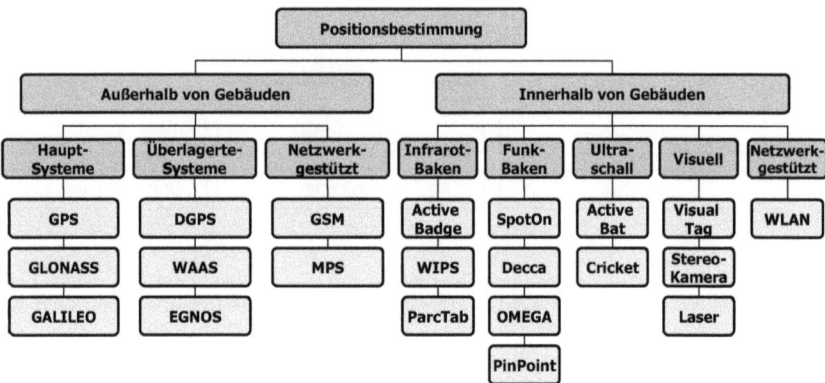

Abb.2.9   Produktübersicht zur Positionsbestimmung

Das satellitenbasierte System hat den Vorteil, dass dieses von Jedermann verwendbar und meist selbstortend ist. Die Verbreitung von Systemen, die eine Lokalisierung von Objekten innerhalb von Gebäuden unterstützt, ist sehr gering, da diese Verfahren den Nachteil haben, sowohl aufwändige als auch kostenintensive Installationen der Infrastruktur in Gebäuden zu verursachen. Bei den netzbasierten Systemen wird versucht, durch die schon vorhandenen Infrastrukturen eine Lokalisierung von Objekten zu bewerkstelligen.

Bei den hier oben im Bild aufgeführten Produkten wird meist ein Berechnungsverfahren zur Lokalisierung von Objekten angewandt. In manchen Fällen werden sogar mehrere Berechnungsverfahren gleichzeitig verwendet.

2.2.2 Übertragungscharakteristiken

Zum Lokalisieren von Objekten werden die dort verwendeten Medien zur Übertragung von Signalen auch in drei Gruppen aufgeteilt s.Abb.2.10.

Der größte Unterschied besteht zwischen einem Schallsignal und der eines Radiofrequenz- sowie Lichtsignals. Ein Schallsignal hat eine wesentlich geringere Ausbreitungsgeschwindigkeit der gesendeten Welle gegenüber den anderen zwei Übertragungsmedien. Dies erleichtert die Verarbeitung der Signale in den dafür notwendigen elektronischen Schaltungen.

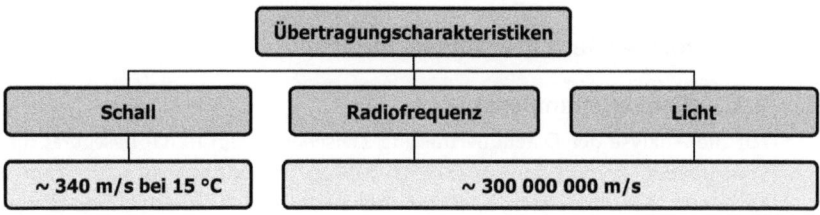

Abb.2.10 Übertragungscharakteristiken

o Die Schallmessung erfordert meist Sichtkontakt und ist temperaturabhängig. Der Einsatz erfolgt meist bei der Höhenstands- sowie Entfernungsmessung im Ultraschallbereich, der für das menschliche Ohr nicht hörbar ist.

o Bei der Radiofrequenz kommen die elektromagnetischen Wellen zum Einsatz. Sie bewegen sich mit Lichtgeschwindigkeit, und die Laufzeit kann mittlerweile präzise bestimmt werden. Die wichtigsten Anwendungen sind Distanzmessungen in der Geodäsie, Astronomie, Navigation, etc. aus der die Laufzeit errechnet wird.

o Ein Sonderfall ist die Positionsbestimmung nicht bewegender Objekte. Diese werden sehr häufig mit Lasermessinstrumenten und Stereo-Kameras zuerst als Objekt erfasst und nachfolgend können die Position und die Lage bestimmt werden.

Mit allen drei Verfahren zur Objektlokalisierung können durch die Messung der Signalstärke, -phase oder -laufzeit die Entfernungen bestimmt werden.

2.3 Verwendete Messinstrumente

2.3.1 Spektrumanalysator

Für die Analyse der Datenübertragung zwischen einem RFID- Lesegerät und einen Transponder kommt ein ANRITSU MS2650 Spektrumanalysator zum Einsatz s.Abb.2.11. Mit ihm kann die Kommunikationsart bzw. Modulationsart untersucht werden. Für das Identifizieren von Störfrequenzen der Filterschaltungen ist ein Spektrumanalysator notwendig. Das Frequenzspektrum von f = 0 – 3 GHz kann über das Eingangssignal erfasst werden. Zusätzlich ist noch ein Dämpfungsglied für den Signaleingang erforderlich. Dieser dämpft den Gleichspannungsanteil bis zu U= 50 V.

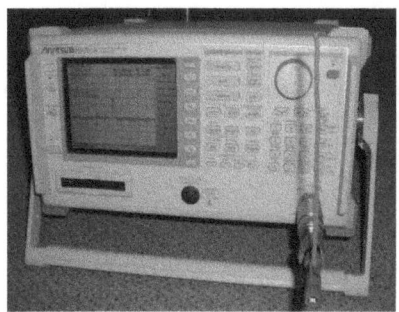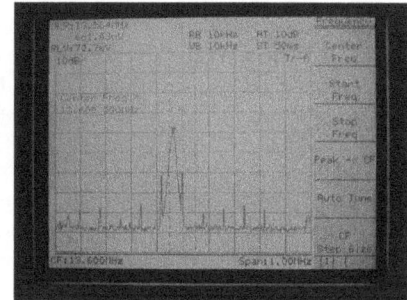

Abb.2.11   Spektrumanalysator Anritsu MS2650

2.3.2 Oszilloskop

Ein Vierkanal Textronic TDS 224 Oszilloskop dient zum Messen und zur bildlichen Darstellung von Wechselspannungen s.Abb.2.12. Pro Kanal können Signale bis f = 200 MHz gemessen werden.

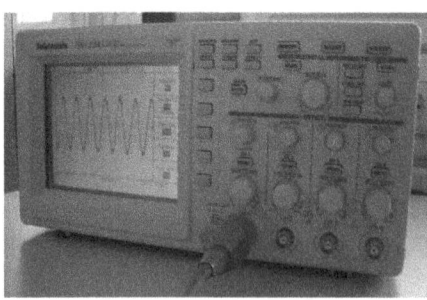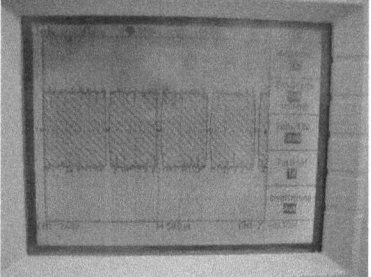

Abb.2.12   Oszilloskop Textronic TDS 224

3 Problemanalyse

Das Kapitel Problemanalyse dient dazu, die in der Einleitung identifizierte und ein-gegrenzte Probleme auf ihre Ursachen zurückzuführen und so Lösungsmöglichkeiten zu entwickeln.

3.1 Szenario zur ortsauflösenden Objektlokalisierung

Ein RFID Transponder der mit Hilfe elektromagnetischer Wellen kommuniziert, bie-tet die Möglichkeit, durch verschiedene Signalcharakteristiken die Lokalisierung von Objekten durchzuführen. Dazu ist notwendig einen Ansatz zu finden wie mit dem Heute erwerbbaren RFID- Transpondern eine Lokalisierung durchgeführt werden kann. Bis Heute gibt es kein Verfahren, dass Zentimetergenau ein Objekt im Raum schnell, zuverlässig und kostengünstig lokalisieren kann. Folgendes Szenario ist für diese Problemstellung in der RFID- Technik vorstellbar s.Abb.3.0.

Pakete werden mit mehreren Transpondern bestückt. Diese befinden sich auf einer EURO- Palette. Somit ist die Lage und die Orientierung der einzelnen Pakete be-stimmbar. Nach dem die Positionen über die Antennen erfasst worden sind, kann ein Roboter nach dem gewünschten Paket greifen.

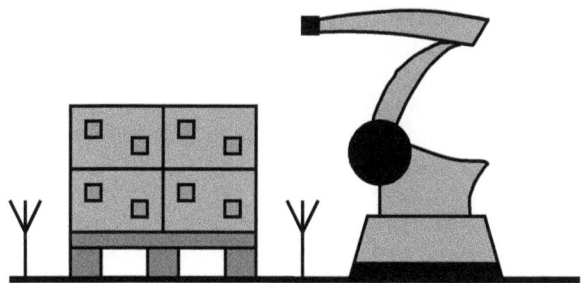

Abb.3.0   Szenario zur ortsauflösenden Objektlokalisierung

Alle bekannten Systeme zur Lokalisierung von Objekten verwenden dabei mathematische oder geometrische Berechnungsmethoden. Nach diesen richtet sich auch die Konzeption der Hardware. Die vorhandenen Ansätze zur Objektlokalisierung sollen zusammen mit dem Heute verfügbare RFID- Systemen verknüpft werden.

3.1.1 Methoden der theoretischen Berechnungsverfahren

Die verschiedenen Methoden zur Positionsbestimmung werden in Gruppen eingeteilt. Ein Einteilung der Berechnungsverfahren erfolg zuerst in GROB und FEIN s.Abb.3.1. Das Nachbarschaftsprinzip herrscht bei dem groben Berechnungsverfahren. Bei den feinen Berechnungsverfahren soll die Positionsangabe mit einem definierten Maßstab bestimmt werden.

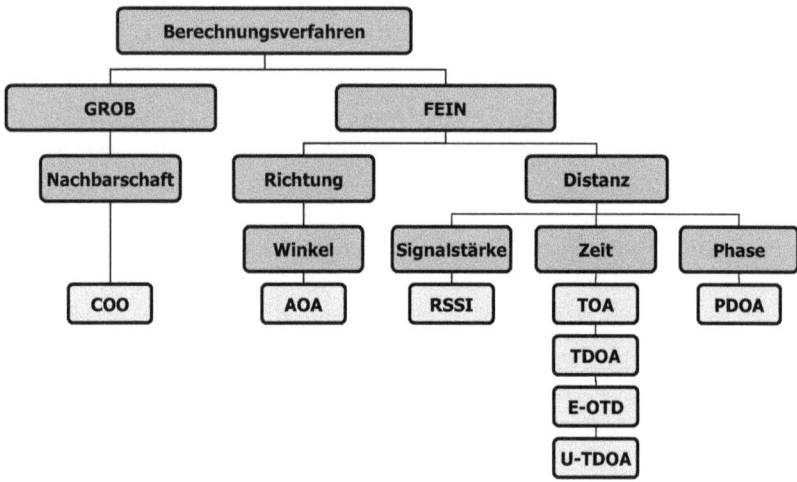

Abb.3.1   Methoden der theoretischen Berechnungsverfahren

3.1.1.1   Nachbarschaft

Beim groben Berechnungsverfahren wird ein Objekt als Vorhanden oder nicht vorhanden lokalisiert. Dieses Verfahren ist auch unter COO (Cell of Origin) bekannt. Es dient lediglich zur Verfolgung von Objekten anhand von Wegpunkten (Transport, Produktion). Die Positionsbestimmung wird durch die Zelle in der sich das Gerät momentan befindet realisiert.

Die einzelnen Berechnungsverfahren der Gruppe FEIN werden als nächstes erläutert.

3.1.1.2   Triangulation

Die Geometrie des rechtwinkligen Dreiecks ist das Messprinzip bei der Triangulation s.Abb.3.2. Die Winkelmessung benötigt mindestens zwei Punkte mit bekannter Position. Bei 3D werden mindestens drei Winkel benötigt. Ein bekanntes Verfahren zur Winkelbestimmung ist Angel of Arrival, **AOA**. Durch Antennen mit Richtungscharakteristik kann ermittelt werden, aus welcher Richtung ein bestimmtes Signal eintrifft.

Sinussatz:

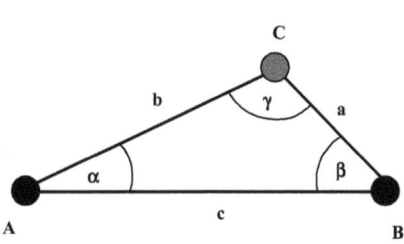

$$\frac{a}{\sin \alpha} = \frac{b}{\sin \beta} = \frac{c}{\sin \gamma}$$

Kosinussatz:

$$a^2 = b^2 + c^2 - 2bc \cos \alpha$$

$$b^2 = a^2 + c^2 - 2ac \cos \beta$$

$$c^2 = a^2 + b^2 - 2ab \cos \gamma$$

Abb.3.2   Triangulation

Ein Radarsystem in der Schiff- und Luftfahrt ist ein bekanntes Beispiel hierfür. Eine drehende Antenne empfängt die Signale und misst so deren Eingangswinkel. Oft ist auch ein Empfänger mit einem Satz von Antennen ausgestattet (z.b. bei GSM- Basisstationen).

Dieses Verfahren erfordert entweder kostspielige drehbare oder eine hohe Anzahl von Richtantennen pro Station. Ein Einsatz solcher Antennen innerhalb von Gebäuden ist wegen der Mehrwegausbreitung nicht geeignet. Dieses Verfahren hat aber den Vorteil, dass je weiter entfernt sich ein Objekt befindet, desto genauer kann der eintreffende Winkel bestimmt werden und somit auch die Entfernung bzw. die Position des Objektes. Eine alternative zur Entfernungsmessung stellt die Messung der Signalstärke dar, die im nächsten Abschnitt erläutert.

3.1.1.3   Signalstärkemessung

Die einfachste, aber auch ungenaueste Methode zur Entfernungsmessung, stellt die Messung der Signalstärke dar, auch als RSSI (Received Signal Strength Indicator) bekannt. Grundsätzlich nimmt die Signalleistung mit $1/d^2$ ab (d = Abstand zwischen Sender und Empfänger) s.Abb.3.3.

Die Empfangsleistung wird jedoch noch durch zahlreiche äußere Faktoren beeinflusst, wobei als wichtigste die Freiraumdämpfung, Reflektion an großen Flächen, Streuung an kleinen Hindernissen und Beugung an scharfen Kanten zu nennen sind. Durch Reflektion, Streuung und Beugung hervorgerufene Mehrwegausbreitung wird als „Multipathing" bezeichnet. Aus diesen Gründen eignet sich die Messung der Signalstärke zur Entfernungsbestimmung nur bedingt und unter Berücksichtigung der örtlichen Gegebenheiten.

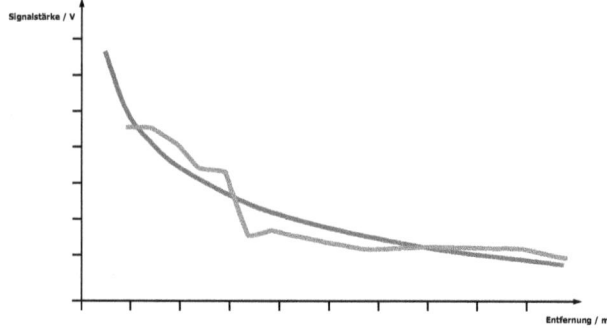

Abb.3.3 Freiraumdämpfung

Die Methode des „Lernen und Vergleichen" wird dabei gerne angewandt. An einigen Wegpunkten wird die Signalstärke zu mehreren Basisstationen gemessen und in einer Wertetabelle eingetragen s.Abb.3.4.

Zur Positionsbestimmung wird dann der ähnlichste Wert gesucht. Die Genauigkeit der Positionsbestimmung hängt von der Anzahl der in der Trainingsphase verwendeten Wegpunkte ab. Der Vorteil bei diesem Verfahren liegt darin, dass keine neuen Installationen vorgenommen werden müssen. Nachteile liegen im „Springen von Positionen" bei ähnlichen Signalprofilen und vor allem in der aufwändigen Trainingsphase. Nach Änderungen (z.B. Neupositionierung der Basisstationen, bauliche Veränderungen) muss außerdem eine neue Trainingsphase durchgeführt werden.

Überlegungen, bei der Trainingsphase ein mathematisches Modell in einer Simulation zu verwenden, führen auch nicht weiter, da es sehr aufwändig ist, ein genaues Modell der Umgebung zu erstellen. Mit solchem Verfahren wird zum Beispiel im netzbasierten System mit WLAN geortet. Für die Erstellung dieser Landkarten werden meist empirische Ansätze verfolgt.

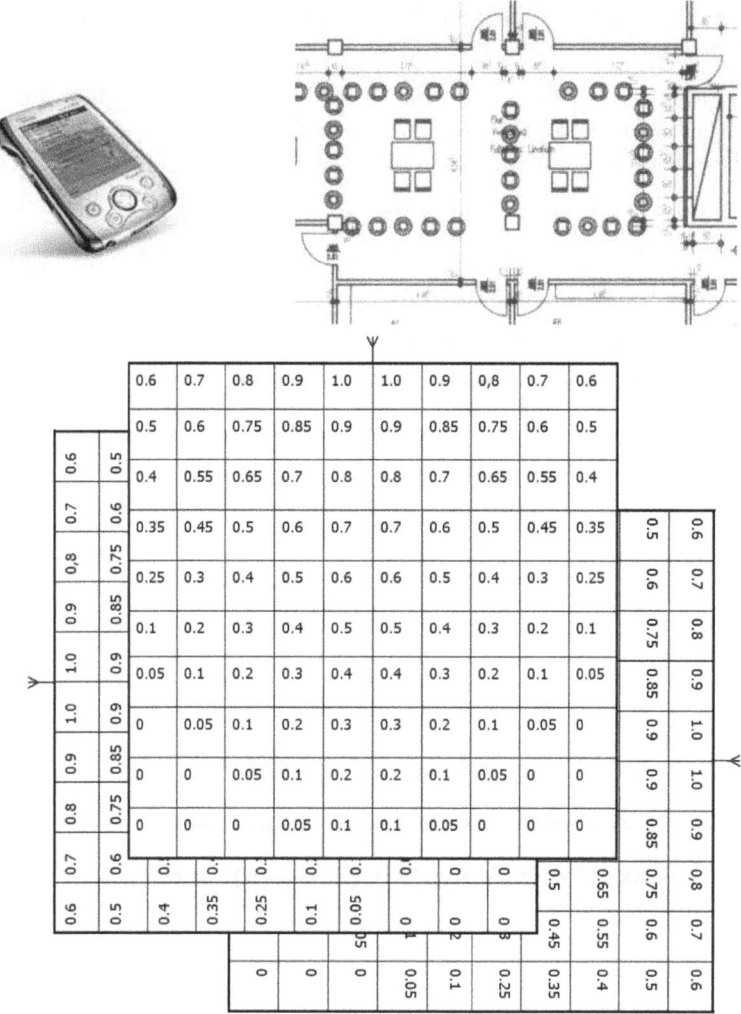

Abb.3.4   RSSI

3.1.1.4   Trilateration

Trilateration ist Positionsbestimmung durch Distanzmessung, die mindestens drei Referenzpunkten hat. Der technische Aufwand ist geringer als bei Triangulation. Multilateration wird verwendet um die Genauigkeit zu erhöhen, indem mehr als drei Referenzpunkte verwendet werden. Bei 3D werden mindestens vier Entfernungen benötigt. Die Distanzmessung basiert hauptsächlich auf der Laufzeitmessung von Signalen.

Laufzeitmessung ist die Messung von Zeitdifferenzen bei der Ausbreitung von Signalen, wie Schall, Radiofrequenz und Licht. Hierbei wird jedoch zuerst zwischen einer Einweg und einer Zweigmessung unterschieden.

Einweg:

- o Alle Sender oder Empfänger exakt synchronisiert
- o Empfänger muss Sendezeitpunkt kennen
- o Festgelegte Sendezeitpunkte
- o Zeitstempel (erfordert synchronisierte Uhren)

Zweiweg:

- o Reflexion des Signals (Echo)
- o Benutzt die RTT (Round Trip Time)
- o Keine Synchronisation nötig

Basistechniken zur Laufzeitmessung sind TOA, TDOA, E-OTD und U-TDOA. Zur Berechnung der Position wird die mathematische Gleichung eines Kreises im Raum aufgestellt s.Abb.3.5. Dabei wird nach dem gemeinsamen Schnittpunkt gesucht. Die Berechnung kann sowohl fernortend als auch selbstortend stattfinden.

$$(xt - Ax1)^2 + (yt - Ay1)^2 + (zt - Az1)^2 = r1^2$$

$$(xt - Ax2)^2 + (yt - Ay2)^2 + (zt - Az2)^2 = r2^2$$

$$(xt - Ax3)^2 + (yt - Ay3)^2 + (zt - Az3)^2 = r3^2$$

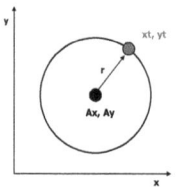

Abb.3.5   Gleichungssystem bei der Trilateration

Time of Arrival

Aus dem Zeitunterschied zwischen Aussenden und Empfangen eines Signals kann die Entfernung zwischen Sender und Empfänger ermittelt werden. Dieses Verfahren ist als **TOA** oder Zweiwegmessung bekannt s.Abb.3.6.

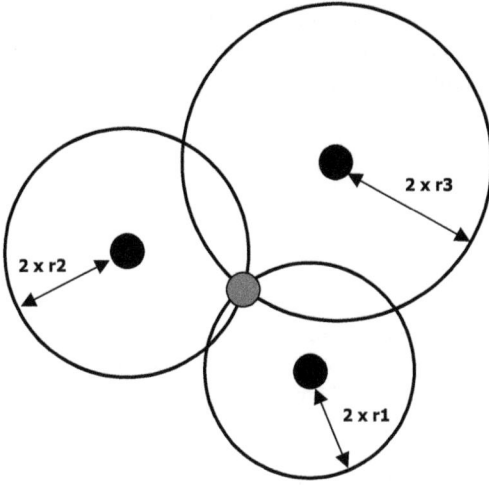

Abb.3.6 Time of Arrival

Time Difference of Arrival

Aus den Positionsangaben der Sender und gemessenen Zeitdifferenzen lässt sich ein Schnittpunkt berechnen auf der sich der Empfänger befindet. Drei Referenzpunkte senden gleichzeitig Signale aus s.Abb.3.1. In diesem Signal befindet sich die Positionsangabe der dazugehörigen Sendeeinrichtung. Dazu ist eine Synchronisation erforderlich.

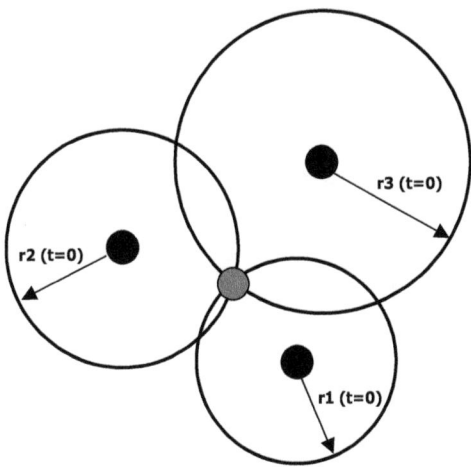

Abb.3.7   Time Difference of Arrival

Bei GPS geschieht dies mit Atomuhren. Der Empfänger errechnet die Ankunftszeiten der gleichzeitig gesendeten Signale, die am Empfänger mit unterschiedlichen Verzögerungen ankommen durch eine Signalkorrelation. Durch weitere Referenzstationen ist eine Bestimmung eines eindeutigen Schnittpunktes möglich.

Bei diesem Verfahren handelt sich es um ein aktives selbstortendes Berechnungsprinzip. Der Einsatz solcher kostspieliger Systeme findet meist außerhalb von Gebäuden statt.

E-OTD

Wird die Positionsbestimmung im Mobilgerät vorgenommen, dann wird von Enhanced Observed Time Difference (**E-OTD**) gesprochen. Dieses Verfahren ähnelt dem TDoA sehr stark. Hier kommen keine Satelliten zum Einsatz, sondern fest installierte Antennen. Somit ist eine passive Selbstortung innerhalb sowie außerhalb von Gebäuden realisierbar. Dabei wird eine Genauigkeit von d = 50 – 150 m erreicht. Optional können diese Messungen noch mit einem im Endgerät eventuell vorhandenen GPS-Empfänger kombiniert werden.

U-TDOA

U-TDOA ist der Gegensatz zum TDOA oder E-OTD. Dort sendet das zu lokalisierende Objekt ein Signal aus s.Abb.3.8. Die empfangenen Signale von den jeweiligen Antennen werden mit Zeitmarken an ein Zentralsystem weitergeleitet. Die Antennen untereinander müssen synchronisiert sein. Aus den aufgenommenen Zeitdifferenzen im Zentralsystem kann die Position bestimmt werden. Dieses Verfahren wird in der Mobilfunktechnik zur Ortung von Mobiltelefonen angewandt.

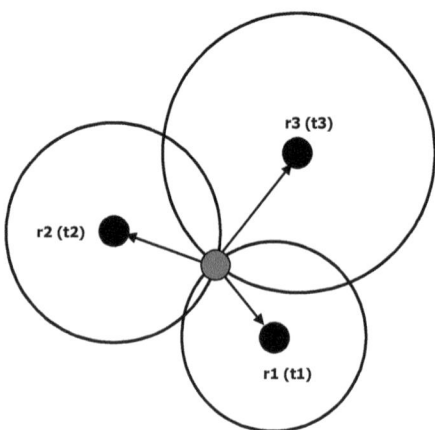

Abb.3.8   Uplink Time Difference of Arrival

Ein noch besseres Ergebnis wird erreicht, wenn der Teilnehmer in der Reichweite von mindestens vier Basisstationen liegt.

3.1.1.5 Phasendifferenzverfahren

Die Distanz zwischen einem Sender und einem Empfänger lässt sich physikalisch beschreiben durch eine Anzahl Wellenlängen und einem Reststück einer Wellenlänge (Phase). Dieses Verfahren s.Abb.3.9 wird zur Genauigkeitssteigerung eingesetzt, wenn Distanzen bis zur Größe der Wellenlänge bestimmt werden.

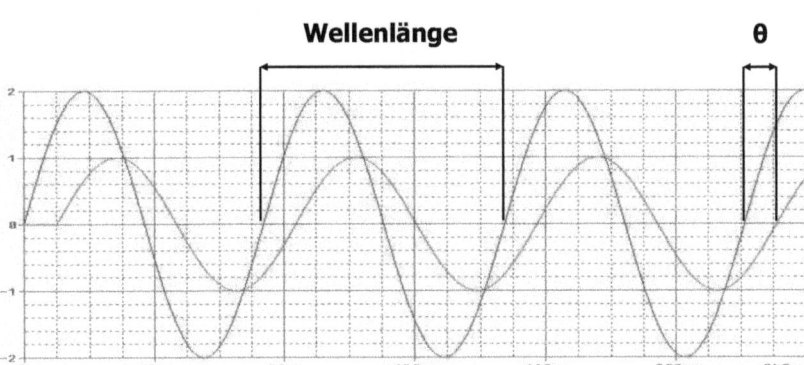

Abb.3.9   Phasendifferenzmessung

Beim Phasendifferenzverfahren sind hohe Genauigkeiten möglich durch die kontinuierliche Phasenmessung zwischen ausgesendetem und empfangenem Signal.

Als Testsignal kommen Sinusschwingungen zum Einsatz, da nur für Sinussignale gleicher Frequenz eine Phasenbeziehung definiert ist. Die Schätzung der Phase kann mit verschiedenen Methoden erfolgen. Neben einer einfachen Nullpunkts- oder Maxima- Detektion an ausgesandtem und empfangenem Signal liefert vor allem die Schatzung mit Hilfe der DFT sehr gute Ergebnisse. Wichtig bei Implementierung dieser Methodik ist vor allem die Abstimmung der Signalfrequenz mit der Abtastrate des digitalen Systems und der Anzahl der eingelesenen Samples, was wiederum der Einsatz von Schallsignalen erfordert.

Das oben eingesetzte Verfahren ist auch als Kreuzkorrelation bekannt. Korrelative Verfahren bewerten mit Hilfe der Kreuzkorrelation die Ähnlichkeiten von ausgesandtem zu empfangenem Signal. Die Korrelation kann direkt mit den Sende- und Empfangssignalen durchgeführt werden, häufig werden auf einen Träger aufmodulierte Rauschfolgen (Pseudo-Rausch-Sequenzen) nach einer Demodulation im Empfängerteil mit Hilfe der Kreuzkorrelation ausgewertet.

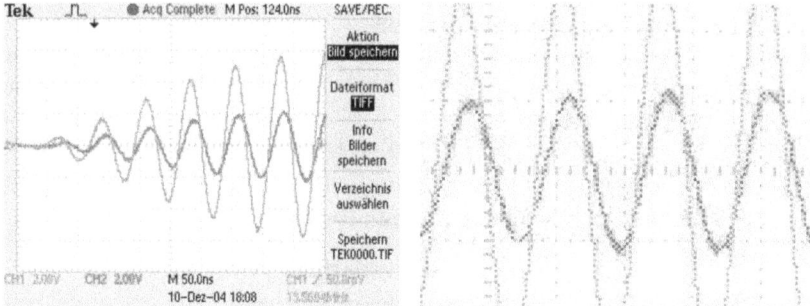

Abb.3.10   Kreuzkorrelation

In dem Beispiel zur Kreuzkorrelation s.Abb.3.10 wird ein Signal von einem RFID- Lesegerät am Oszilloskop bei Einschalten getriggert. Das schwächere Signal davon, muss dabei einen 3.5 m längeren Weg über das Koaxialkabel zurücklegen. Theoretisch ist es nun möglich über den aufgenommenen Zeitverlauf am Oszilloskop die Länge des Kabels zu bestimmen. Zu beachten ist, dass die Ausbreitungsgeschwindigkeit einer elektromagnetischen Welle im Kupferdraht etwa 2/3 der Lichtgeschwindigkeit beträgt. Aufgrund der Samplingraten und unterschiedlichen Reaktionszeiten kommt jedoch kein sinnvolles Ergebnis dabei heraus.

Aus der Vielzahl der theoretischen Berechnungsverfahren zur Positionsbestimmung von Objekten soll eine Hardwarekonzeption resultieren. Der Schwerpunkt der Problemstellung liegt bei der Auswahl zwischen einer Winkel-, Phasen- oder Zeitmessung.

3.2 Analyse der RFID– Signale

Für die Analyse von RFID- Signalen ist ein RFID- System erforderlich. Bei der Anschaffung sind folgende Kriterien sehr wichtig: maximale Reichweite, Arbeitsfrequenz, Richtcharakteristik s.Abb.2.3, ISO und passive Transponder.

Die maximale Reichweite der Heute erwerbbaren passiven RFID- Systeme beträgt bei Frequenzen von:

o $f = 135$ kHz $< d = 1$ m (ungerichtet)

o $f = 13.56$MHz $< d = 1.30$ m (ungerichtet)

o $f = 868 / 915$ MHz $< d = 4$ m (gerichtet)

o $f = 2.45$ GHz $< d = 1.50$ m (gerichtet)

Bei der Anschaffung eines Systems ist die Arbeitsfrequenz zu berücksichtigen, die in den GHz- Bereich gehen kann. Dafür sind kostspielige Messinstrumente erforderlich. Messinstrumente sind wiederum notwendig, um herauszufinden, wie die Kommunikation zwischen einem Transponder und einen RFID- Lesegerät bewerkstelligt wird.

Nach der Anschaffung eines RFID- Systems soll die Kommunikation zwischen dem Schreib-/Lesegerät und Transponder untersucht werden. Dies geschieht mit Hilfe der Messinstrumente. Die Neuanschaffung solcher Messinstrumente, die bis in den GHz Bereich arbeiten ist sehr kostspielig. Die Messinstrumente aus Kapitel 2.3 stehen zur Verfügung, deshalb wird bevorzugt nach RFID- Systemen mit Arbeitsfrequenzen im MHz- Bereich gesucht, die aber jedoch hohe Reichweiten erzielen.

Eine Möglichkeit Distanzmessungen durchzuführen ist mit Zeitmessung realisierbar. Solche Zeitmeßsysteme müssen hohe Anforderungen bei der Zeitauflösung erfüllen.

Die Zeit ist die entscheidende Messgröße nämlich die, die das Licht benötigt, eine bestimmte Strecke zurückzulegen. Das Prinzip ist einfach, die Tücke steckt im Detail, denn die Geschwindigkeit des Lichts ist bekanntlich recht groß. Als Folge hat man es mit sehr kleinen Zeiten zu tun. So legt das Licht in nur $t = 1$ µs bereits $d = 300$ m zurück. Eine hohe Ortsauflösung erfordert daher höchste Präzision bei der Zeitmessung.

Die gewünschte zeitliche Auflösung ergibt sich aus der Ausbreitungsgeschwindigkeit der elektromagnetischen Wellen, die entspricht wiederum der Lichtgeschwindigkeit. Um eine Auflösung von einem cm zu bekommen, wird ein Zeitmesser der eine zeitliche Auflösung von mindestens $t = 33.3$ ps aufweist benötigt. Eine sehr geringe Anzahl an Zeitmeßsystemen, die in der Industrie eingesetzt werden, erlauben eine Auflösung bis zu t = 10 ps.

> **Die bis Heute kürzeste gemessene Zeitspanne mit Schmierbildkameras beträgt t = 250 as. /4/**

Nicht zu vergessen ist, dass kein Signal ohne Reflexion und damit ohne Änderung der Richtung beziehungsweise der Weglänge zum Empfänger gelangt. Dadurch sind Momentan realistische Zeit- und Winkelmessungen mit hoher Genauigkeit nur schwer möglich.

3.3 Zusammenfassung

Die Bandbreite der dargestellten Probleme in dieser Diplomarbeit erfordert eine interdisziplinäre Denkweise. Die mangelnde Verbreitung der Informationen zur allgemeinen Objektlokalisierung von Objekten in Lehrbüchern beschränkt sich auf den Informationsfluss im Internet.

4 Lösungskonzept

Im diesem Kapitel wird auf konzeptuellen ebnen der Weg zur Lösung der identifizierten Probleme beschrieben. Ausgangspunkt sind die Erkenntnisse der vorangegangenen Problemanalyse. Für das Lösungskonzept ist das Aufgreifen der
im vorangegangenen Kapitel identifizierten Problemberichte notwendig.

4.1 Aufstellen des mathematischen Gleichungssystems

Die meisten vorgestellten mathematischen Konzepte zur Berechnung einer Position
sind bei der Hardwareumsetzung entweder kostenintensiv oder ungenau. Aufgrund
dessen wird hier ein neuer Ansatz präsentiert.

Bei diesem Verfahren handelt sich um eine Einwegmessung der Phase ohne Zeitsyn-
chronisation. Und trotzdem kann damit die Lage und Orientierung eines Objektes im
Raum berechnet werden. Eine Abänderung der Funktion der Transponder, ist aber
dennoch erforderlich. Dieser muss subharmonisch, auf einer anderen Frequenz als
die des Schreib-/Lesegeräts ein Signal nach Aufforderung aussenden.

Die Ankunftszeiten der empfangen Signale an den Antennen L0, L1, L2, L3, die
sich an verschiedenen Stellen im Raum befinden, werden gemessen s.Abb.4.0. Dies
geschieht durch ein gemeinsames Zeitmeßsystem, hier im Bild die Zeitachse t. Die
Kommunikation zwischen den Schreib-/Lesegerät (grauer Kasten) und Transponder
(gelber Punkt) findet wie üblich statt. Dabei versorgt das Schreib-/Lesegerät den
Transponder dauerhaft mit Energie.

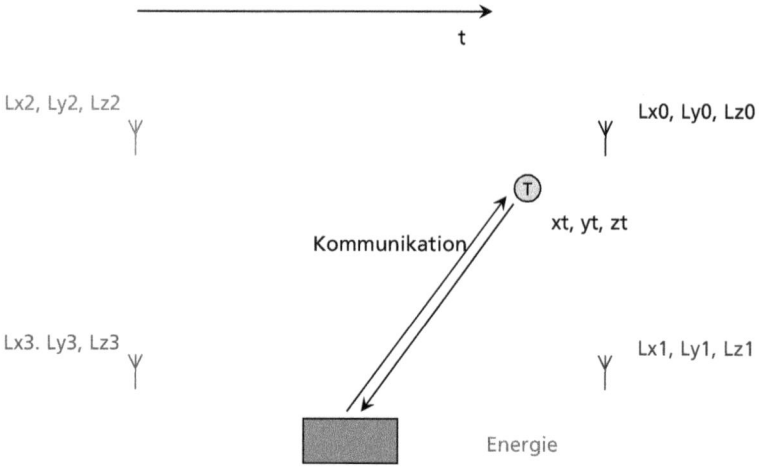

Abb.4.0   Verfahren zur ortsauflösenden Objektlokalisierung Skizze Nr.1

Die in den Raum verbreitete elektromagnetische Welle wird von den Antennen zu verschiedenen Zeitpunkten erfasst s.Abb.4.1.

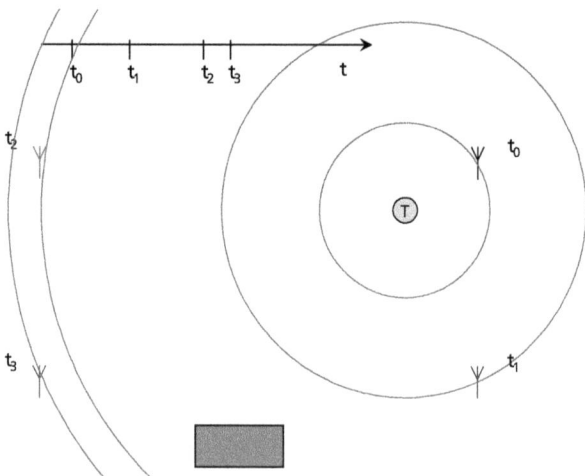

Abb.4.1   Verfahren zur ortsauflösenden Objektlokalisierung Skizze Nr.2

Das erfasste Signal an den Antennen wird beim Empfang an das Zeitmeßsystem weitergeleitet. Dadurch ist es nun möglich bestimmte Entfernungen zu berechnen s.Abb.4.2.

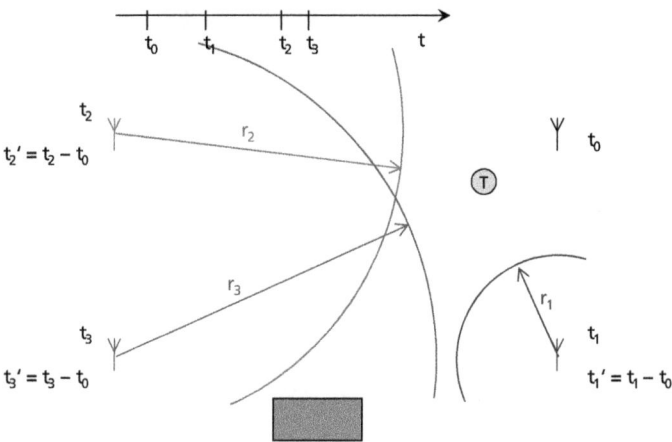

Abb.4.2   Verfahren zur ortsauflösenden Objektlokalisierung Skizze Nr.3

Weiterhin sind die Koordinaten bzw. die Position des Transponders unbekannt. Was aber bekannt ist, sind die Positionen der Antennen L0, L1, L2, L3 und die Entfernungen r_1, r_2, r_3. Die Distanz r_0 ist vom Transponder zum blauen, grünen und braunen Kreis sowie der Antenne L0 immer gleich groß s.Abb.4.3.

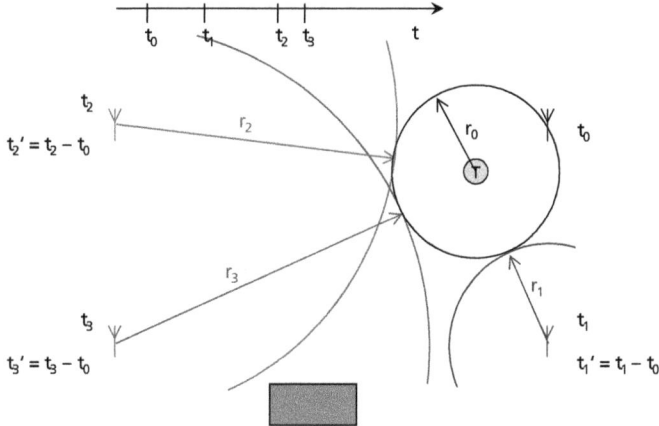

Abb.4.3   Verfahren zur ortsauflösenden Objektlokalisierung Skizze Nr.4

Nun kann der Schnittpunkt des Transponders (x_t, y_t, z_t) in einem Raum bestimmt werden. Die Formel s.Abb.4.4 für eine Kreisfläche im Raum wird dabei verwendet.

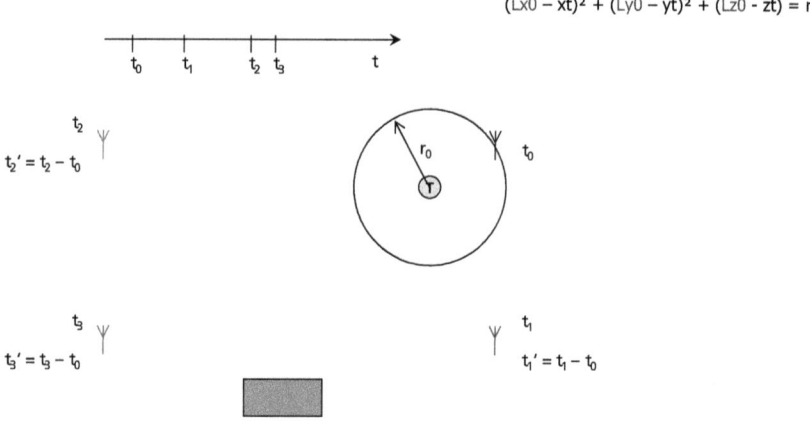

$(Lx0 - xt)^2 + (Ly0 - yt)^2 + (Lz0 - zt) = r0^2$

Abb.4.4   Verfahren zur ortsauflösenden Objektlokalisierung Skizze Nr.5

In der nächsten Kreisflächengleichung wird zum blauen Kreis die Distanz r_0 dazuaddiert s.Abb.4.5. Dabei wird eine Kreisfläche die ihren Mittelpunkt in L1 mit einer Länge $r_0 + r_1$ dargestellt.

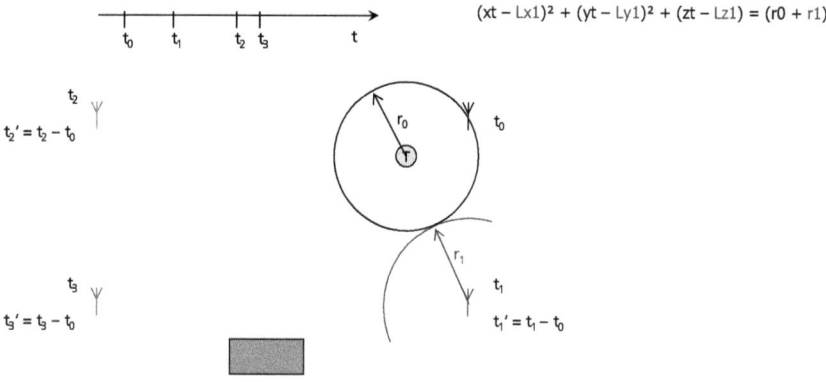

$(xt - Lx1)^2 + (yt - Ly1)^2 + (zt - Lz1) = (r0 + r1)$

Abb.4.5   Verfahren zur ortsauflösenden Objektlokalisierung Skizze Nr.6

Hier wiederholt sich die Berechnung s.Abb.4.6. Zu r_0 wird r_2 dazuaddiert.

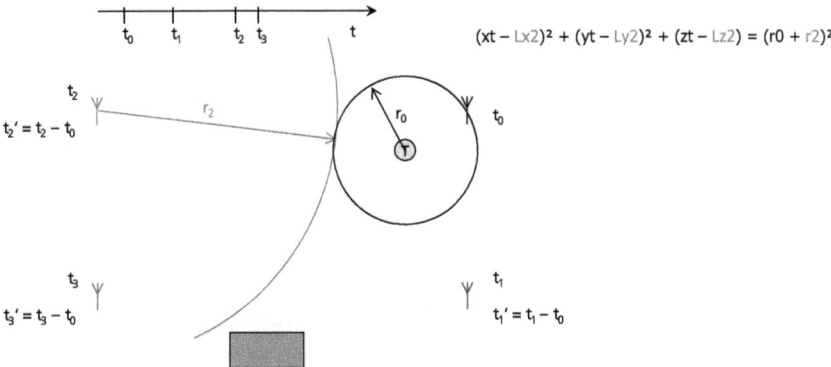

$$(xt - Lx2)^2 + (yt - Ly2)^2 + (zt - Lz2) = (r0 + r2)^2$$

Abb.4.6 Verfahren zur ortsauflösenden Objektlokalisierung Skizze Nr.7

Zu Schluss noch ein letztes Mal die gleiche Berechnung s.Abb.4.7. Die zeitlich gemessene Distanz r_3 wird zu r_0 dazuaddiert.

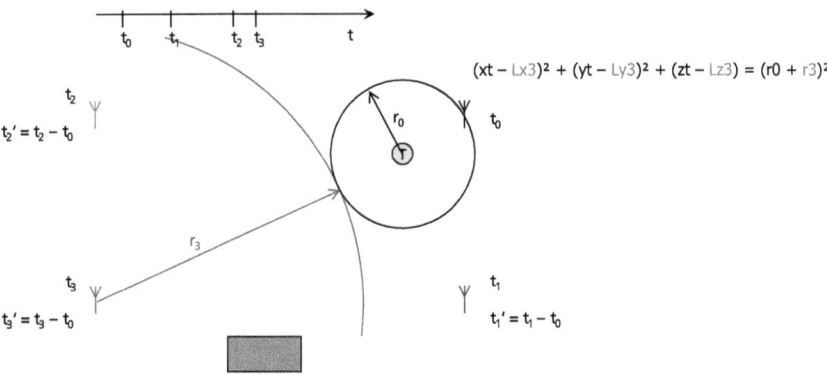

$$(xt - Lx3)^2 + (yt - Ly3)^2 + (zt - Lz3) = (r0 + r3)^2$$

Abb.4.7 Verfahren zur ortsauflösenden Objektlokalisierung Skizze Nr.8

Nun sind vier Kreisflächengleichungen s.Abb.4.8 im Raum aufgestellt. Davon schneiden drei Kreisflächen gemeinsam im Mittelpunkt der vierten Kreisfläche s.Abb.4.3. Aufgrund der vier Unbekannten r_0, xt, yt und zt, sind vier Gleichungssysteme erforderlich.

$$(Lx0 - xt)^2 + (Ly0 - yt)^2 + (Lz0 - zt) = r0^2$$

$$(xt - Lx1)^2 + (yt - Ly1)^2 + (zt - Lz1) = (r0 + r1)^2$$

$$(xt - Lx2)^2 + (yt - Ly2)^2 + (zt - Lz2) = (r0 + r2)^2$$

$$(xt - Lx3)^2 + (yt - Ly3)^2 + (zt - Lz3) = (r0 + r3)^2$$

Abb.4.8   Gleichungssystem zur ortsauflösenden Objektlokalisierung

4.2 Lösungsansätze zum Hardwareaufbau

Das oben genannte Lösungskonzept zur ortsauflösenden Objektlokalisierung ist mit dem heutigen Stand der Technik nicht mit passiven RFID- Transpondern realisierbar.

Die Reichweiten der passiven RFID- Systeme lassen zu wünschen übrig. Sie betragen maximal bis zu drei Metern bei Backscattersystemen. Die hohen Reichweiten der RFID- Systeme sind auf die Richtcharakteristik s.Abb.4.9 zurückführen. Sie strahlen nur in einem bestimmten Winkel die Energie aus und somit erzielen sie eine höhere Reichweite. Was wiederum dazu führt das ein Transponder nicht in beliebiger Lage identifiziert werden kann.

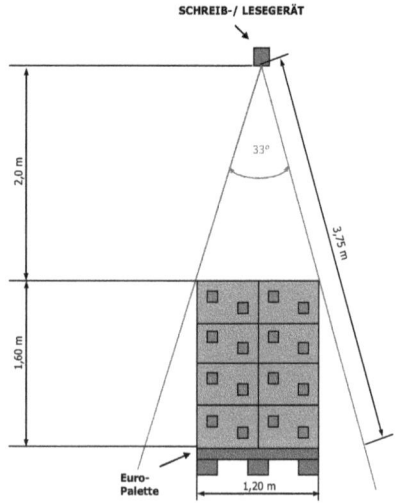

Abb.4.9   Richtcharakteristik einer RFID- Antenne am Beispiel einer EURO Palette

Bei den induktiv gekoppelten Systemen kann keine Lokalisierung stattfinden. Diese Systeme verändern durch die Lastmodulation nur das Signal des Schreib-/Lesegerätes. Dadurch wird immer dass Schreib-/Lesegerät lokalisiert. Im Grundlagenkapitel ist die subharmonische und anharmonische Datenübertragung erwähnt worden. Diese Prinzipien existieren zurzeit nur in der Theorie und sind in der Praxis nicht beschaffbar bzw. werden dazu keine Angaben vom Hersteller gemacht. Weitere Indizien dafür sind die hohen Kosten für die Empfängerschaltungen und die begrenzten Reichweiten. Noch geringere Reichweiten resultieren, weil ein Transponder selbstständig ein Signal auf einer anderen Frequenz zurücksenden muss.

Ein Wermutstropfen bleibt, die Reichweiten der heutigen Transponder beziehen sich auf die Datenübertragungsgeschwindigkeit, also es dürfen nur geringe Fehlübertragung stattfinden. Fehlübertragungen erhöhen sich mit zunehmender Entfernung. Es wird nur ein konstantes Sinussignal benötigt, das zwar auch mit zunehmender Entfernung abnimmt, aber dafür kein digitales Signal sein muss, das aus mehreren Amplituden besteht.

Da eine Veränderung der Chipfunktion eines RFID Transponders nicht ohne weiteres geht und die Möglichkeit einen Transponder selbst zu bauen nicht gegeben ist, wird bei der weiteren Vorgehensweise als das zu lokalisierende Objekt s.Abb.4.10 ein kleines Schreib-/Lesegerät zum Einsatz kommen. Mit einer Arbeitsfrequenz von f = 13.56 MHz bei einer Amplitude von U = 2 V sendet es Signale aus. Dieses 4 cm mal 4 cm große Schreib-/Lesegerät hat den Vorteil gegenüber einem Frequenzgenerator, dass er sich per Computer mit seiner festen Frequenz ein- und ausschalten lässt.

 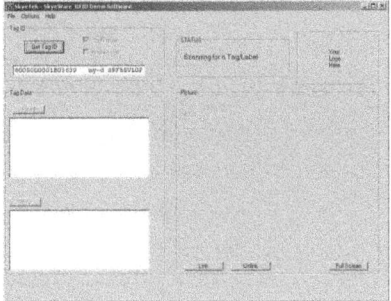

Abb.4.10   RFID Lesegerät SkyeRead M1 und die dazugehörige Software

Bei einem Frequenzgenerator muss immer die gewünschte Amplitude und die Frequenz eingestellt werden. Ein Frequenzgenerator besitzt zwar einen Burst- Modus, dieser arbeitet jedoch nur bis in den kHz Bereich hinein.

Um das erstellte mathematische Konzept in der praktischen Umsetzung zu überprüfen, wird ein Objekt (Schreib-/Lesegerät) genau auf einer Linie s.Abb.4.11 zwischen zwei Antennen positioniert. Dieses soll ein Signal aussenden. Somit kann die Zeitdifferenz oder auch die Phasenlage zwischen zwei empfangenen Signalen gemessen werden.

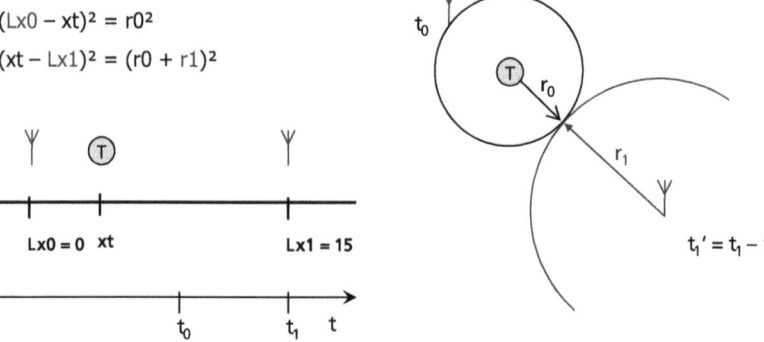

$$(Lx0 - xt)^2 = r0^2$$
$$(xt - Lx1)^2 = (r0 + r1)^2$$

Abb.4.11   Positionsbestimmung eines Objektes mit zwei Antennen

Die Zeitmessung soll anhand eines Beispiels s.Abb.4.12 mit vorgegebenen Werten überprüft werden. Gesucht ist die x- Koordinaten des Transponders.

$$Lx0 = 0; \quad Lx1 = 15; \quad r1 = c / (t1 - t0) = 7; \quad xt = ?; \quad r0 = ?$$

$$(Lx0 - xt)^2 = r0^2$$
$$(xt - Lx1)^2 = (r0 + r1)^2$$

$$(0 - xt)^2 = r0^2$$
$$(xt - 15)^2 = (r0 + 7)^2$$

$$xt^2 = r0^2 \rightarrow xt = r0$$
$$(r0 - 15)^2 = (r0 + 7)^2 \rightarrow r0^2 - 30\,r0 + 225 = r0^2 + 14\,r0 + 49$$

$$176 = 44\,r0$$
$$r0 = 4 \rightarrow xt = 4$$

Abb.4.12   Rechenbeispiel zur Positionsbestimmung eines Objektes mit zwei Antennen

Für das theoretisch nachgewiesene Messprinzip soll ein Hardwarekonzept erstellt werden. Dazu ist folgende Aufteilung der Komponenten erforderlich s.Abb.4.13.

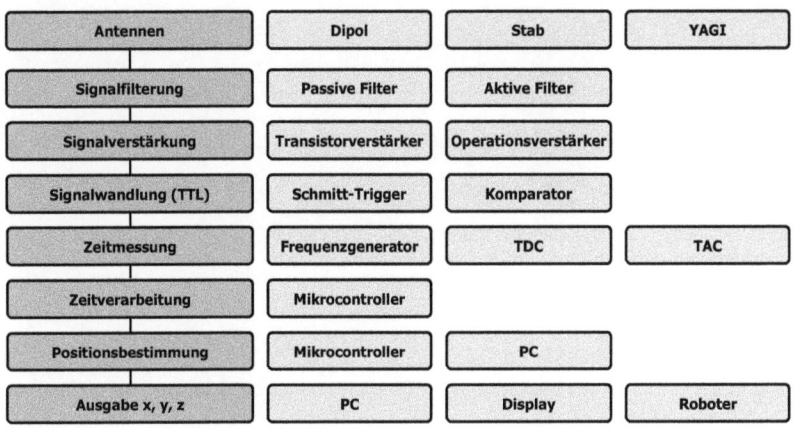

Abb.4.13   Aufteilung der Zeitmessung mit zwei Antennen in Pakete

Links im Bild s.Abb.4.13 ist der Ablauf der Zeitmessung in Gruppen aufgeteilt und daneben sind die einzelnen Varianten für die Hardwareumsetzung dargestellt.

4.2.1 Antennenarchitektur

Für den Aufbau eines Zeitmeßsystems werde Antennen benötigt. Sie sind in verschiedensten Formen und Strahlungscharakteristiken erhältlich s.Abb.4.14.

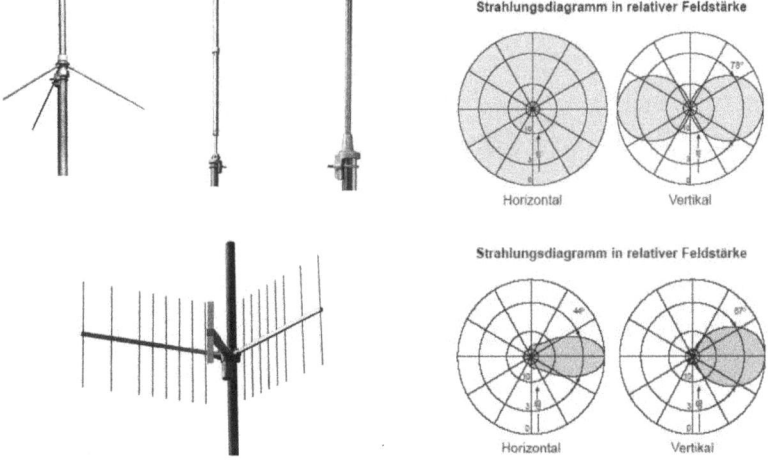

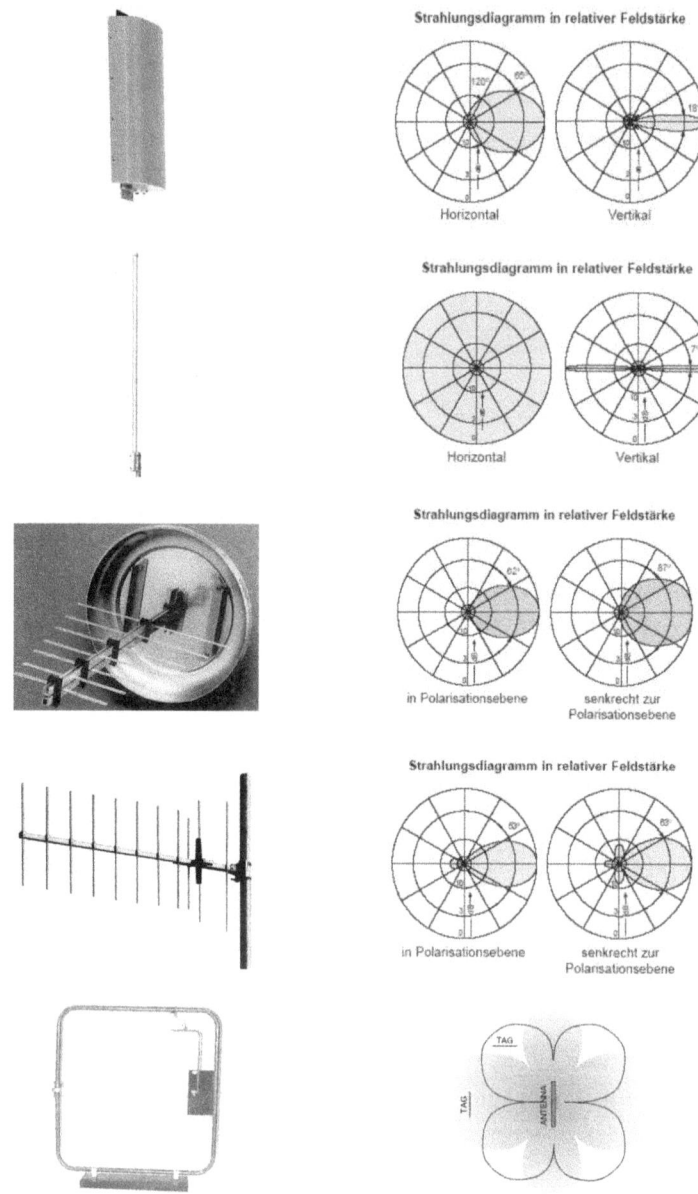

Abb.4.14   Antennenvarianten /5/

Bei der letzten Antenne im Bild handelt sich um eine 40 cm x 40 cm Große RFID- Antenne. Die Konstruktion ist notwendig, um genügend Energie auf Entfernungen bis zu d = 1.3 m für einen Transponder bereitzustellen. Bei den anderen handelt es sich um Antennen die in verschiedenen Bereichen eingesetzt werden vom Rundfunk bis zum Mobilfunk. Mit dem Simulationsprogramm Microwave Office können die Arbeitsweisen der Antennen untersucht werden. Da das theoretisch erstellte Berechnungsverfahren Signale nur empfangen soll und auf der Trilateration basiert, reicht in diesem Fall eine kurze Stabantenne aus.

4.2.2 Aktive und passive Signalfilterung

Zur Signalfilterung stehen aktive und passive Filter zur Verfügung. Die Zeitmessung erfolgt mit einen f = 13.56 MHz Signal. Dort sind Störfrequenzen im Rundfunkbereich zu erwarten. Ein sehr wichtiges Kriterium bei der Filterung von Signalen ist nicht nur die Güte, sondern auch die auftretenden undefinierten Signalverzögerungen an elektronischen Elementen. Für die Filterung der Störfrequenzen soll dabei ein Bandpassfilter zum Einsatz kommen.

Bei den passiven Filtern gibt es zudem eine Kombination aus einem Tief- und Hochpassfilter mit einem Kondensator oder einer Spule. Sie haben eine schlechte Filtergüte und dämpfen das Signal zu stark ab. Eine andere Möglichkeit ist eine Schwingkreisschaltung einzusetzen, die in ihrer Resonanzfrequenz als Bandpassfilter dient s.Abb.4.15.

Aktive Filter sind in großer Anzahl vertreten. Sie arbeiten meist mit einem Operationsverstärker und können je nach Filterordnung eine hohe Güte vorweisen, jedoch entstehen dabei undefinierte Zeitverzögerungen je nach Filterordnung s.Abb.4.15.

Die passiven Filterschaltungen aus RC- oder LR- Kombinationen erfüllen im MHz-Bereich ihre Anforderungen nicht und werden deshalb außer Acht gelassen.

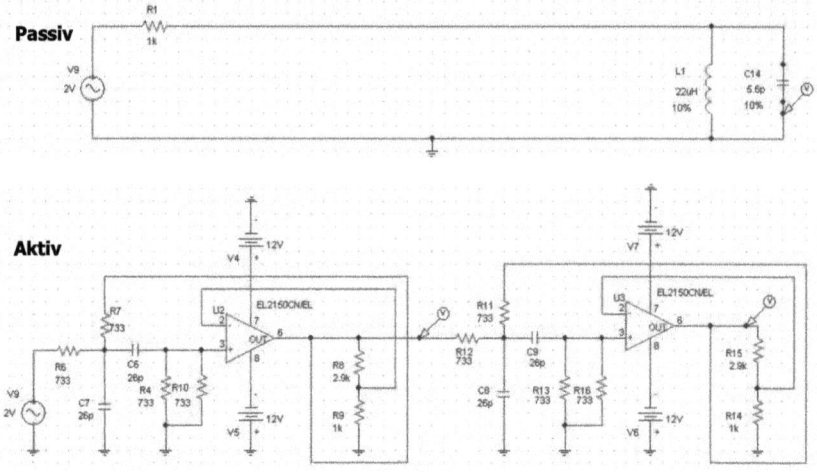

Abb.4.15 Schwingkreis LC und Bandpassfilter 2. Ordnung

Hier im Diagramm s.Abb.4.16 ist zu sehen, dass es für aktive Filterschaltungen sehr zeitintensiv ist, die optimale Filterung in der Arbeitsfrequenz (f = 13.56 MHz) zu realisieren.

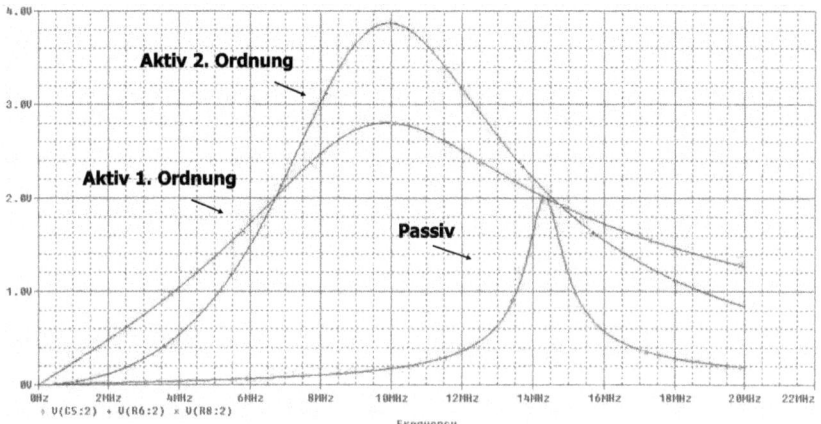

Abb.4.16 Durchlasskennlinie der Bandpassfilter im Frequenzbereich

Zusätzlich zu den Zeitverzögerungen entstehen zeitliche Signalverschiebungen wenn der aktive Bandpassfilter nicht hundertprozentig auf die Arbeitsfrequenz abgestimmt ist s.Abb.4.17.

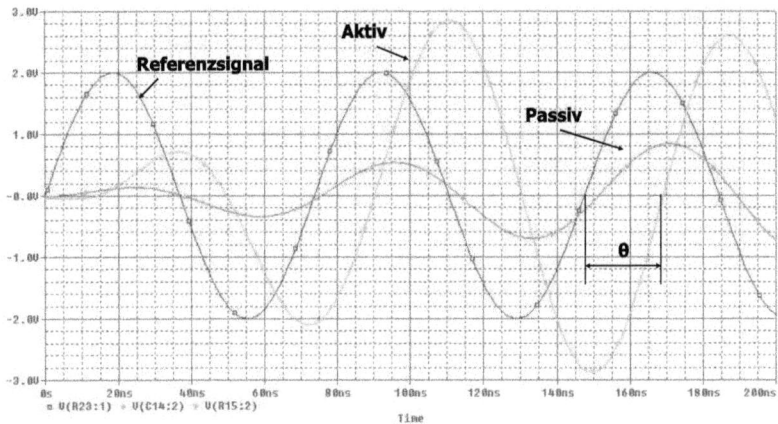

Abb.4.17   Entstehende Zeitverzögerungen bei den Bandpassfilter

Signale die aktiv herausgefiltert werden, haben den Nachteil dass die Anzahl der Bauelemente sehr hoch ist. Jedes Bauteil ist mit einer Toleranz behaftet. Dies hat Auswirkungen auf die Genauigkeit der Zeitmessung. Der Operationsverstärker weist nicht immer gleiche Reaktionszeiten auf. Für eine maximale Filtergüte mit minimaler Dämpfung ist ein Schwingkreis aus LC die beste Wahl.

4.2.3 Aktive Signalverstärkung

Die Nachrichtenübertragung ist naturgemäß unabhängig vom benutzten Übertragungsmedium mit einer Dämpfung der Signale verbunden. Da die empfangenen Signale meist nicht unmittelbar wahrgenommen werden können, ist eine Verstärkung unerlässlich. Für die Verstärkung werden aktive Systeme verwendet. Anstiegsgeschwindigkeiten bis zu $V_A = 16000$ V/µs sind maximal erreichbar. Für die Verstärkung des Signals kommen schnelle Transistoren oder integrierte Operationsverstärker in Frage.

Die Verstärkerschaltung wird direkt nach der Signalfilterung angeordnet. Sie bilden zusammen mit der Antenne eine Schaltplatine. Das Ziel ist, mit möglichst wenigen Bauelementen eine Signalverstärkung mit hohen Anstiegsgeschwindigkeiten und kurzen Reaktionszeiten zu erhalten.

Die Operationsverstärker werden nicht verwendet, weil sie bereits aus Transistoren bestehen und eine gewisse Reaktionszeit aufweisen. Die Reaktionszeiten eines Transistors ist dabei wesentlich besser als die der Operationsverstärker.

In der HF- Technik haben sich zur Verstärkung der Signale Emitterschaltungen bewährt. Sie haben den Vorteil gegenüber der Basis- und Kollektorschaltung, dass sie die größte Leistungsverstärkung aufweisen.

4.2.4 Signalwandlung in ein TTL- Signals

Das ausgewählte Zeitmeßsystem erfordert ein TTL- Signal um Messungen durchführen zu können. Ein großes Problem dabei ist die so genannte Fußpunkttriggerung (leading edge timing). Ein ausgesandtes Signal mit einer bestimmten Frequenz wird mit zunehmender Entfernung unterschiedlich stark gedämpft. Im Bild sind unterschiedliche Beispielsignale zu sehen s.Abb.4.18.

Um ein Sinussignal in den TTL- Pegel umwandeln zu können, muss ab einem definierten Schwellwert getriggert werden. Dies soll soweit wie möglich im unteren Schwellwertbereich stattfinden, sonst entstehen sehr hohe zeitliche Verzögerungen. In diesem Fall ist eine sehr hohe Frequenz die bessere Wahl s.Abb.4.18.

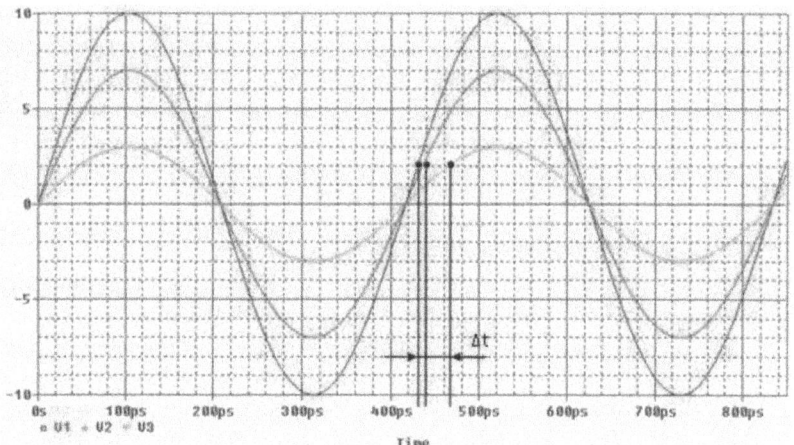

Abb.4.18   Fußpunkttriggerung f = 2.4 GHZ Signal

Bei einer Frequenz von f = 13,56 MHz und gleicher Triggerhöhe sieht das Schaubild wie folgt aus s.Abb.4.19. Es entstehen deutlich größere zeitliche Verzögerungen.

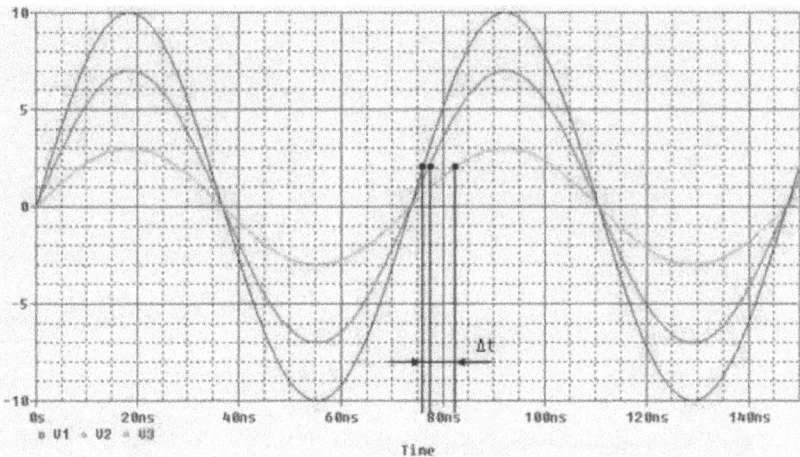

Abb.4.19 Fußpunkttriggerung f = 13.56MHz Signal

Eine Verzögerung von t = 1 ns entspricht dabei einer Ungenauigkeitsessung von ca. d = 30 cm.

Zur Wandlung eines Sinussignals in ein TTL Signal stehen Schmitt- Trigger oder Komparatoren zur Auswahl. Das Bauen eines Signalwandlers aus elektronischen Bauelementen ist nicht sinnvoll. Hier werden die in der Industrie angebotenen Signalwandler genommen. Sie erfüllen hohe Reaktionszeiten und sind in einem IC- Baustein integriert. Ein Komparator erweist dabei bessere Reaktionszeiten als ein Schmitt- Trigger, somit wird dieser ausgewählt.

4.2.5 Hardwareumsetzung zur Zeitmessung

Frequenzzähler, TDC- Bausteine und eine TAC- Schaltungen stehen für eine Zeitmessung zur Verfügung.

4.2.5.1 Frequenzzähler

Frequenzzähler zählt die Anzahl der Null- Durchgänge eines empfangenen bzw. eingespeisten Signals. Bei einem sinusförmigen Eingangssignal und einer eingestellten Torzeit wird der Zähler die Anzahl der Nulldurchgänge bei einem Wechsel aus der negativen Amplitude zur positiven zählen. Auflösungen bis zu t = 250 ps sind möglich.

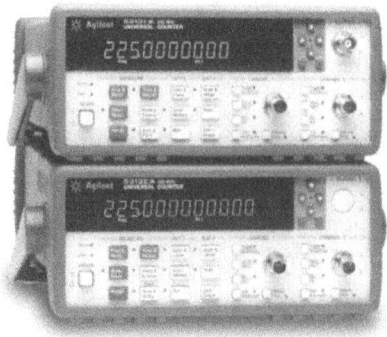
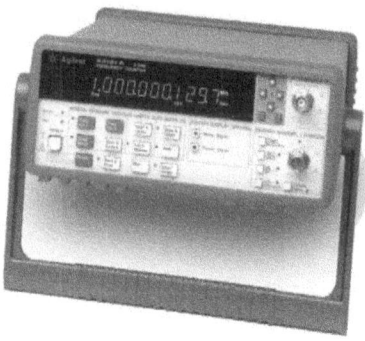

Abb.4.20   Frequenzzähler Agilent 53131A/132A/181A

4.2.5.2   Time to Digital Converter

Die Abkürzung TDC steht für Time to Digital Converter. Es sind Bausteine, die Zeit-differenzen hoch auflösend in digitale Werte umwandeln. Sie tun dies ohne jegliche analoge Komponenten. Obwohl laut dieser Definition bereits Armbanduhren oder einfache digitale Zähler zu TDC's zu rechnen wären, ist der Begriff TDC nur für Zeitdifferenzwandler hoher Auflösung gebräuchlich. Unter TDC's wird im allgemei-nen Wandler mit Auflösungen unter einer Nanosekunde verstanden. Diese Auflö-sungen sind mit Zählern oder ähnlichem ohne erheblichen Aufwand nicht mehr zu erreichen und erfordern eigene, darauf zugeschnittene Lösungen. Ihre Realisierung wurde erst möglich durch die Innovationen in der Halbleitertechnologie. Sie basieren auf der Durchlaufzeit einfacher logischer Gatter (z.b. Inverter), welche sie für die Quantisierung der Zeitdifferenz heranziehen s.Abb.4.21. Dank der großen Fortschrit-te bezüglich der Signalgeschwindigkeit, insbesondere im CMOS Bereich, wurde es möglich, solche TDC's auf Standard CMOS Prozessen zu realisieren und dabei Auf-lösungen im Picosekundenbereich zu erreichen.

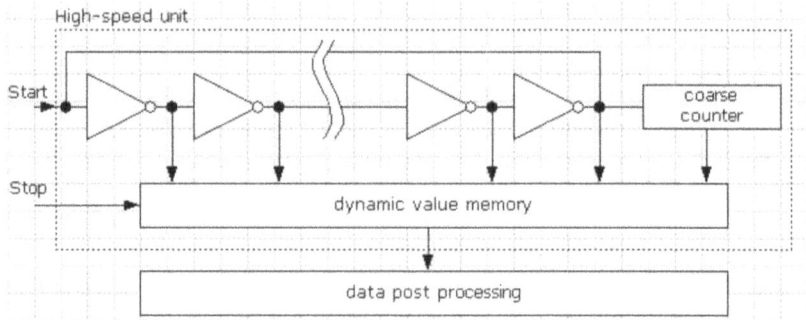

Abb.4.21   TDC –GP1 Funktionsprinzip /6/

Digitale TDC's können in zwei Gruppen aufgeteilt werden:

o   Absolute Verzögerungszeit TDC's

o   Relative Verzögerungszeit TDC's

Absolute Verzögerungszeit TDC

Diese Art TDC verwendet die absolute Verzögerungszeit von Signalen durch einfache logische Elemente zur Quantisierung der Zeitdifferenz.

In anderen Worten: der Messkreis zählt die Anzahl der Gatter-Durchlaufzeiten, die in das zu messende Zeitintervall passen. Ein intelligentes Schaltungsdesign, redundante Elemente und spezielle Layout- Methoden erlauben die exakte Rekonstruktion der Anzahl der Basis-Zeiteinheiten. Die Auflösung hängt direkt von der Basis-Zeiteinheit des Chips ab. Auflösungen im Bereich von $t = 14 - 100$ ps können mit solchen Messkreisen und gängigen CMOS Technologien erreicht werden. Die Durchlaufzeit selbst hängt von der Temperatur und der Versorgungsspannung ab. Daher müssen die gemessenen Werte kalibriert werden. Hierzu werden eine und zwei Perioden des Referenztaktes vermessen. Idealerweise wird diese Messung und die anschließende Berechnung vom TDC selbst ausgeführt.

TDC's mit absoluten Verzögerungszeiten haben folgende Vorteile:

Die Durchlaufzeit der Inverter kann mit Hilfe einer Phase Locked Loop (PLL) präzise eingestellt und stabilisiert werden. Sie ist dann von der Versorgungsspannung und der Temperatur unabhängig. Sehr gute Doppelpulsauflösung und Multihitfähigkeit ist damit möglich

Relative Verzögerungszeit TDC

Während beim Ansatz mit absoluter Verzögerungszeit die Auflösung von der Geschwindigkeit des verwendeten Halbleiterprozesses abhängt, kann dies bei Verwendung der relativen Verzögerungszeit umgangen werden. Wie im Name angedeutet, werden bei diesen TDC's zwei Verzögerungsketten mit unterschiedlichen Basis-Durchlaufzeiten verwendet. Die relative Verzögerungsdifferenz dient dann als Basis für die Zeitquantisierung.

Mithilfe eines speziellen Schaltungsaufbaus wird die Auflösung identisch mit der Differenz zwischen den beiden Gatterdurchlaufzeiten. Damit ist es möglich, eine Auflösung zu erreichen, die weit unter der Gatterdurchlaufzeit liegt.

Grundsätzlich sollte bei diesem Verfahren jede Auflösung möglich sein, jedoch gibt es Beschränkungen aufgrund von Quantisierungsfehler und anderer Fehlerquellen. In der Praxis erweist sich etwa 1/5 der Gatterdurchlaufzeit als realistisch. Mit moderner CMOS Technologie ist ein Messbereich von wenigen Picosekunden möglich.

Im Anwendungsbereich wird mit der Messung der RTT gearbeitet. Sender und Empfänger sitzen in einem Gerät. Die Distanz d wird wie folgt kalkuliert.

$$d = \frac{c \cdot t}{2} \rightarrow c \approx 3 \cdot 10^8 \, \frac{m}{s}$$

Bei einer Strecke von einem Kilometer beträgt die Laufzeit $t = 1\,\mu s$. Soll die Auflösung $d = 1\,cm$ betragen, muss die Zeit mit einer Genauigkeit von $t = 67\,ps$ erfasst werden. Der Standard- TDC GP1 mit $t = 120\,ps$ Auflösung, kann dies durch Mittelung über vier Messungen erreicht werden.

$$d_{mittelwert} = \frac{d}{\sqrt{\text{Anzahl der Messwerte}}}$$

Durch höhere Mittelungsraten kann sogar eine Auflösung von $d = 1mm$ erreicht werden und das bei Entfernungen bis $d = 14\,km$. /6/ Bei dem Lösungskonzept in der Diplomarbeit wird eine Einwegmessung realisiert. Daher beträgt die Auflösung $d = 2\,cm$.

4.2.5.3 Time to Analog Converter

Ein Time to Analog Converter wandelt eine gemessene Zeitspanne in einen analogen Spannungswert um s.Abb.4.22. Dieser Spannungswert kann vor und nach der Messung jeweils über einen Analog-/Digitalwandler abgelesen werden. Aus der Spannungsdifferenz kann über die Formel der Auf- oder Entladezeit eines Kondensators der Zeitwert ausgerechnet werden.

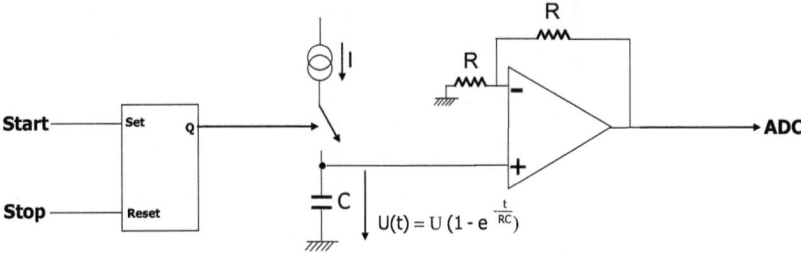

Abb.4.22 Time to Analog Converter

Über einen TAC lassen sich Zeiten im Picosekunden Bereich messen. Dazu ist allerdings ein sehr stabil arbeitender Kondensator notwendig. Mit diesem Messprinzip ist durchaus eine Zweiwegemessung realisierbar, wenn aber Zeitdifferenzen zwischen mehreren Antennen gemessen werden soll, dann sind mehrere Kondensatoren erforderlich die exakt die gleichen Kapazitäten besitzen. Die Funktionalität solch eines Systems ist theoretisch durchaus vorstellbar, leider gibt es in der Praxis keinen detaillierten Beschreibungen zur Umsetzung.

Für die Zeitmessung wird deshalb ein TDC- Baustein genommen der bei der Umsetzung noch detaillierter beschrieben wird.

4.2.6 Programmaufbau der Zeitverarbeitungseinheit

Nach dem die Auswahl bei der Zeitmessung auf einen TDC- Baustein gefallen ist, kann nun die Verarbeitung der Zeit genauer definiert werden. Der Teil Zeitverarbeitung ist zuständig für das Auslesen der gemessenen digitalen Zeitwerte und für das Einstellen verschiedener Register (Betriebsart) s.Abb.4.23.

Der TDC kann nur maximal vier Zeitwerte pro Stoppkanal messen. Das Problem dabei ist, wenn das zu messende Signal dauerhaft, d.h. nicht als Burst- Signal vorliegt. Die Lösung dafür kann per Software behoben werden. Sie sperrt nach einer definierten Zeit die Stoppeingänge.

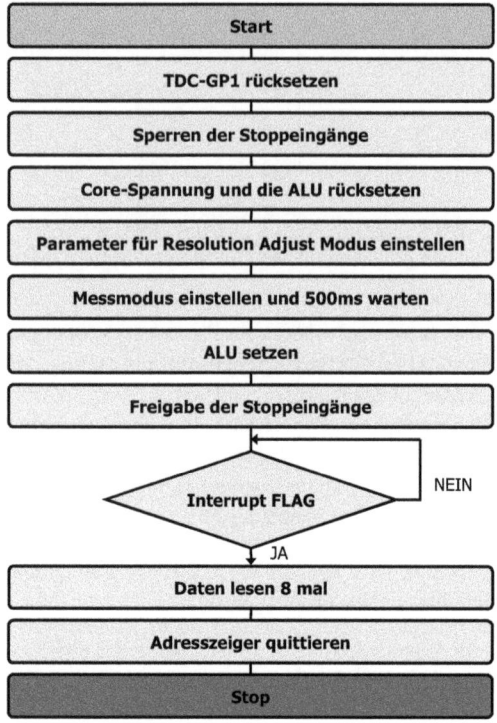

Abb.4.23 Routine zur Messung von Zeitwerten in Resolution Adjust Modus

Die Kommunikation zwischen dem TDC- Baustein und dem Mikrocontroller findet über den Daten- und Adressbus sowie über den Steuerbus statt.

Der TDC- Baustein stammt von der Firma Acam. Zur Auswahl stehen drei Varianten mit unterschiedlichen Zeitauflösungen, Anzahl der Kanäle und der Datenbusbreite zwischen 8-bit und 32-bit. Das GP1- Modell s.Abb.4.24 links, mit einem 8-bit Datenbus und einer zeitlichen Auflösung bis zu t = 125 ps wird genommen. Somit ist keine Neuanschaffung eines 32-bit Mikrocontrollers erforderlich.

Bei dem Mikrocontroller s.Abb.4.24 rechts handelt sich um einen Nanomodul-164 der Firma Phytec. Der Controller C164 selbst stammt von der Firma Siemens. Er stellt einen 22-bit großen Adressbus sowie einen 16-bit großen Datenbus zu Verfügung. Außerdem kann auf den Steuerbus zugegriffen werden.

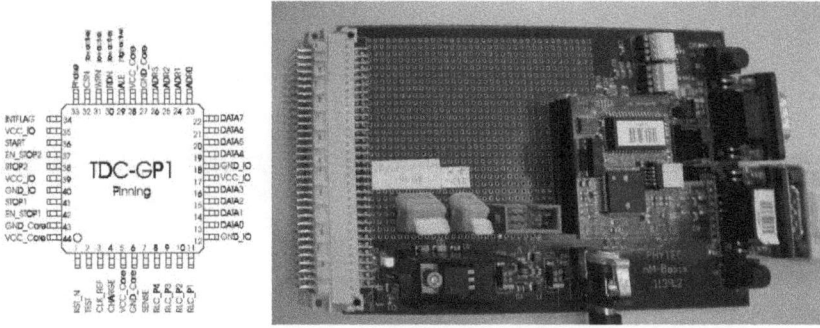

Abb.4.24   TDC- GP1 Baustein /6/ und NanoModul C164

4.2.7 Programmaufbau zur Berechnung der Position

Für die Implementierung wird aus dem mathematischen Gleichungssystem s.Abb.4.12 ein Algorithmus erstellt s.Abb.4.25.

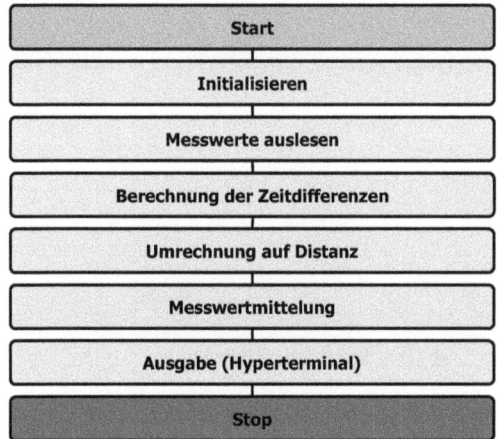

Abb.4.25   Routine zur Berechnung der Position

Dafür zuständig wird ebenfalls der Mikrocontroller sein, der auch für die Zeitverarbeitung erforderlich ist. Dabei ist zu beachten, dass die Entfernungsmessung mit zwei Antennen mit einem 8-bit Mikrocontroller realisierbar ist. Eine höhere Anzahl von Antennen oder unbekannten führt zu Rundungsfehlern bei der Berechnung der Position im Raum. Rundungsfehler können minimiert werden, in dem ein 32-bit oder 64-bit PC System für die Berechnung zuständig ist. Die Resultate können grafisch am PC dargestellt werden.

4.2.8 Ausgabe der Werte

Die Ausgabe der Berechungen und der Zwischenwerte erfolgt über das Hyperterminal s.Abb.4.26. Der Mikrocontroller soll über eine serielle RS 232 Schnittstelle mit einem PC kommunizieren.

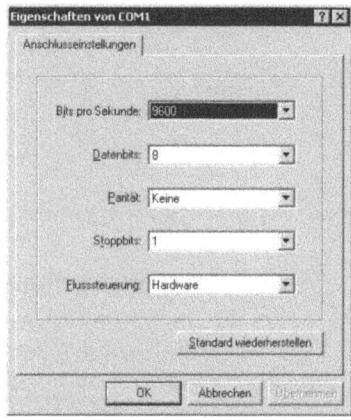
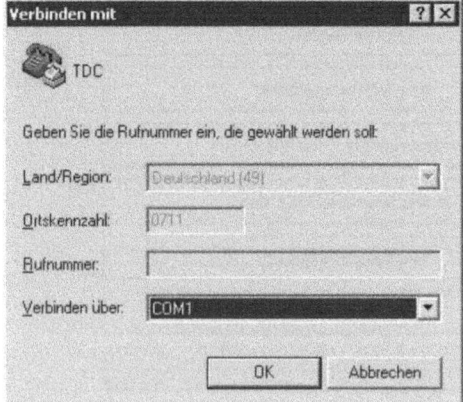

Abb.4.26   Hyperterminal

4.3 Zusammenfassung

Der folgende Aufbau s.Abb.4.27 soll nochmals verdeutlichen, welche Komponenten für die Realisierung des Systems ausgewählt worden sind und in welcher Reihenfolge die Realisierung stattfindet.

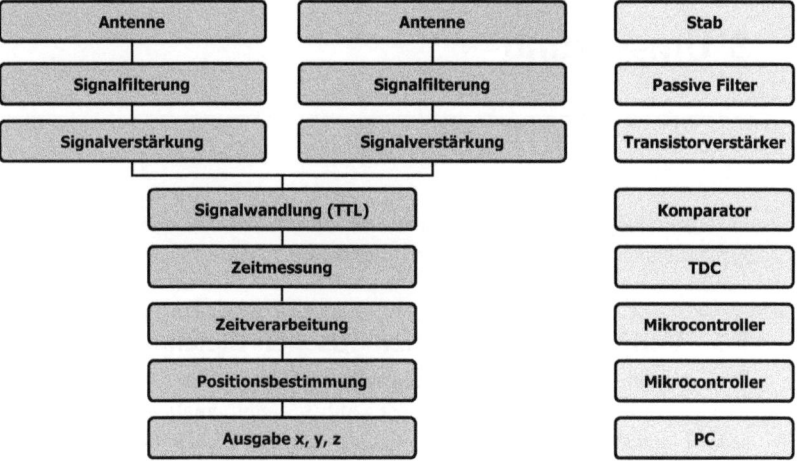

Abb.4.27   Ausgewählte Komponenten zur Realisierung eines Zeitmeßsystems

5 Umsetzung

In diesem Kapitel wird die schrittweise Umsetzung des entwickelten Lösungskonzepts in einer konkreten Umgebung dargestellt.

5.1 Verifikation des mathematischen Gleichungssystems

Die Grundaufstellung des Gleichungssystems s.Abb.4.8 wird nach den Unbekannten r0, xt, yt und zt als nächstes aufgelöst s.Abb.5.0. Mathematica, ein Programm für diese Problemfälle liefert folgende Auflösung nach den Unbekannten.

$equ = \{(0 - xt)^2 + (0 - yt)^2 + (0 - zt)^2 == r0^2, \ (xt - 10)^2 + (yt - 0)^2 + (zt - 0)^2 == (r1 + r0)^2,$
$(xt - 0)^2 + (yt - 10)^2 + (zt - 0)^2 == (r2 + r0)^2, \ (xt - 10)^2 + (yt - 10)^2 + (zt - 0)^2 == (r3 + r0)^2\}$

$\{xt^t + yt^t + zt^t == r0^t, \ (-10 + xt)^t + yt^t + zt^t == (r0 + r1)^t, \ xt^t + (-10 + yt)^t + zt^t == (r0 + r2)^t, \ (-10 + xt)^t + (-10 + yt)^t + zt^t == (r0 + r3)^t\}$

$\texttt{Solve[equ, \{xt, yt, zt, r0\}] // FullSimplify}$

$$\left\{\left\{zt \to -\frac{1}{20}\sqrt{-\frac{1}{(r1 + r2 - r3)^t}}\,(2\,(-200 + (r1 - r2)^t)\,(-100\,r1\,r2 - 50\,r2^t + r1^t\,(-50 + r2^t)) - 2\,(-200 + (r1 - r2)^t)\,(r1 + r2)\,(-100 + r1\,r2)\,r3 + \right.\right.$$
$$(20000 + r1^4 + 2\,r1^3\,r2 - 200\,r2^t + r2^4 + 2\,r1\,r2\,(-200 + r2^t) - 4\,r1^t\,(50 + r2^t))\,r3^t - 2\,(-100\,r1 + r1^3 - 100\,r2 + r2^t)\,r3^3 + (-100 + r1^t + r2^t)\,r3^4)\Big{)},$$
$$xt \to \frac{1}{20}\left(100 + r1\left(r2 - \frac{2\,r1\,r2}{r1 + r2 - r3} + r3\right)\right), \ yt \to \frac{1}{20}\left(100 + r2\left(r1 - \frac{2\,r1\,r2}{r1 + r2 - r3} + r3\right)\right), \ r0 \to -\frac{r1^t + r2^t - r3^t}{2\,(r1 + r2 - r3)}\right\},$$
$$\left\{zt \to \frac{1}{20}\sqrt{-\frac{1}{(r1 + r2 - r3)^t}}\,(2\,(-200 + (r1 - r2)^t)\,(-100\,r1\,r2 - 50\,r2^t + r1^t\,(-50 + r2^t)) - 2\,(-200 + (r1 - r2)^t)\,(r1 + r2)\,(-100 + r1\,r2)\,r3 + \right.$$
$$(20000 + r1^4 + 2\,r1^3\,r2 - 200\,r2^t + r2^4 + 2\,r1\,r2\,(-200 + r2^t) - 4\,r1^t\,(50 + r2^t))\,r3^t - 2\,(-100\,r1 + r1^3 - 100\,r2 + r2^t)\,r3^3 + (-100 + r1^t + r2^t)\,r3^4)\Big{)},$$
$$\left.xt \to \frac{1}{20}\left(100 + r1\left(r2 - \frac{2\,r1\,r2}{r1 + r2 - r3} + r3\right)\right), \ yt \to \frac{1}{20}\left(100 + r2\left(r1 - \frac{2\,r1\,r2}{r1 + r2 - r3} + r3\right)\right), \ r0 \to -\frac{r1^t + r2^t - r3^t}{2\,(r1 + r2 - r3)}\right\}\right\}$$

Abb.5.0   Auflösung nach den Unbekannten mit Mathematica (siehe auch Anhang)

Für zt ergeben sich zwei mögliche Lösungen mit einem negativen und positiven Wert. Die Elimination eines der Werte erfolgt in dem festgelegt wird ob sich ein zu lokalisierendes Objekt oberhalb oder unterhalb der Antenne befindet.

Aufgrund der Eingabe von Koordinatenpunkten für die Antennen, ist dies die verkürzte Lösung. Die komplette Auflösung nach den Unbekannten xt, yt, zt und r0, ohne der Eingabe von Antennenkoordinaten, ist im Anhang zu sehen.

Im der nächsten Zeichnung s.Abb.5.1 soll zeichnerisch die Richtigkeit des Gleichungssystems in einer Ebene überprüft werden. Die Entfernungen der Antennen untereinander können gemessen werden. Ein Zeitmeßsystem gibt die unterschiedlichen Ankunftszeiten aus. Sie müssen auf Längeneinheiten (LE) r1, r2 und r3 umgerechnet werden. Die hier zeichnerisch ermittelte Werte für xt = 3.3 LE, yt = 2.2 LE, zt = 0 LE und r0 = 3.0 LE müssen auch numerisch bewiesen werden.

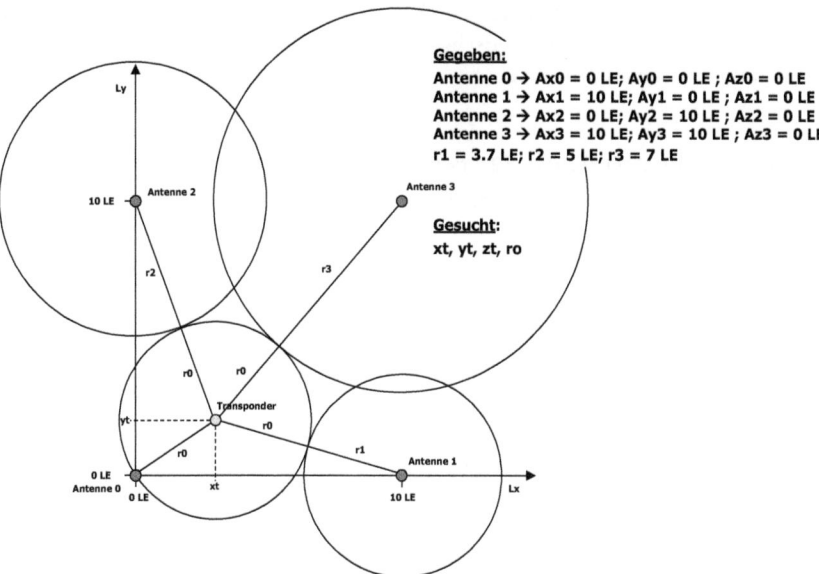

Abb.5.1 Zeichnerische Ermittlung der Richtigkeit des Gleichungssystems

Die Richtigkeit der Ergebnisse s.Abb.5.2 ist nachgewiesen. Im Rechenbeispiel s.Abb.5.2 ist zu sehen, dass für zt anstatt einer Null irgendeine „kleine Zahl`` vorkommt, mit der man sich weil sie klein ist auch zufrieden stellten kann.

```
In[3]:= r1 = 3.7

Out[3]= 3.7

In[4]:= r2 = 5

Out[4]= 5

In[5]:= r3 = 7

Out[5]= 7

In[8]:= Solve[equ, {xt, yt, zt, r0}]

Out[8]= {{zt → 0. - 2.44815 i, xt → 3.19353, yt → 2.23382, r0 → 3.03235}, {zt → 0. + 2.44815 i, xt → 3.19353, yt → 2.23382, r0 → 3.03235}}
```

Abb.5.2 Vereinfachte Auflösung nach den Unbekannten mit Mathematica (siehe auch Anhang)

Sobald gesagt werden soll, ab wann eine Zahl als klein zu gelten hat, kommt man in Schwierigkeiten, die nicht einfach zu bewältigen sind. Dieser Fragenkreis ist einer der Gegenstände der modernen Numerischen Mathematik.

Mathematica basiert auf der Fließpunkt- Rechnung. Das heißt, dass jede Zahl durch eine Dezimalzahl fester Länge approximiert wird, genauer gesagt sind es die Binärzahlen bzw. Binärstellen. Nur so können Probleme von realen Größen erst behandelt werden. Das aber bedeutet, dass bei den meisten Operationen Rundungsfehler entstehen. Das nennt sich „numerisches Rechnen``. Manchmal kann eine bessere Formelwahl die Genauigkeit steigern.

5.2 Konkretisierung der Hardwareumsetzung

Die Umsetzung des Zeitmeßsystems basiert auf dem im Kapitel 4.2 erstellten Lösungskonzept.

5.2.1 Antennen

Die empfangene Signalstärke ist von dem Wirkungsgrad einer Antenne abhängig. Bei einer Frequenz von f = 13.56 MHz beträgt die Wellenlänge λ = 22.12 m. Der Wirkungsgrad von Antennen lässt ab einer Größe von $\lambda/4$ deutlich nach. Bereits im Vorfeld ist untersucht worden, was für eine Signalstärke an einer kurzen Stabantenne empfangen wird s.Abb.3.3. Eine Frequenz von f = 13.56 MHz mit einer Amplitude von U = 2 V wird von einem Schreib-/Lesegerät ausgesandt. Ein Signal von U = 1 mV wird aus d = 3 m Entfernung noch mit einer l = 12 cm langen Stabantenne aus Kupfer (A = 2.5 mm²) empfangen. Das empfangene Signal variiert je nach Entfernung zwischen U = 1 – 10 mV. Für den weiteren Aufbau des Zeitmeßsystems sind die gemessenen Werte akzeptabel.

5.2.2 Signalfilterung

Für Reihen- und Parallelschwingkreise gelten zur Berechnung der Resonanzfrequenz dieselben Formeln.

Für die Filterung der Signale wird ein Parallelschwingkreis genommen. Dieser hat gegenüber dem Serienschwingkreis den Vorteil, dass die zu verstärkende Spannung bei der Resonanzfrequenz ihren Höchstwert erreicht. Beim Reihenschwingkreis verändert sich der Stromstärke je nach Frequenz und die Spannung bleibt über den gesamten Frequenzspektrum konstant.

Durch eine minimale Anzahl von Bauteilen (Spule und Kondensator) können die zeitlichen Verzögerungen gegenüber einem aktiven Filter eliminiert werden.

Für die Überprüfung der theoretischen Werte in der Praxis wird mit einem Frequenzgenerator das Frequenzspektrum von f = 0 – 15 MHz durchlaufen s.Abb.5.4. Dabei werden am Ausgang die gemessenen Spannungswerte aufgenommen.

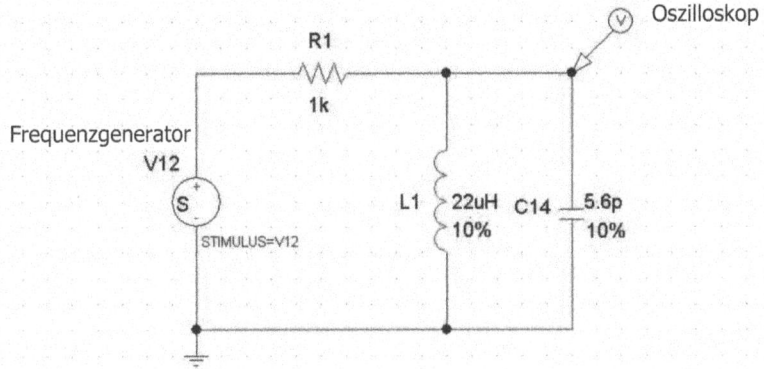

Abb.5.4   Praktische Überprüfung der Bandbreite eines Schwingkreisfilters

Der serielle Widerstand R1 beeinflusst sehr stark die Bandbreite des Parallelschwingkreises s.Abb.5.5. Die Induktivität der Spule beträgt L = 22 μH und die Kapazität C = 5.6 pF. Daraus resultiert eine Resonanzfrequenz von f = 14.3 MHz. Eine exakte Anpassung an die f = 13.56 MHz erfordert die richtige Kombination aus Induktivitäts- und Kapazitätswerten. Hier reicht es aus, da nur Störfrequenzen in f = 10 MHz Bereich zu erwarten sind.

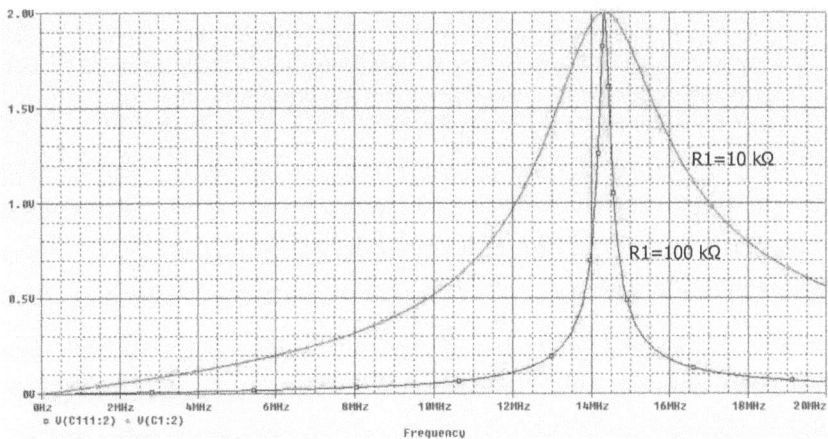

Abb.5.5   Bandbreite idealer Schwingkreisfilter

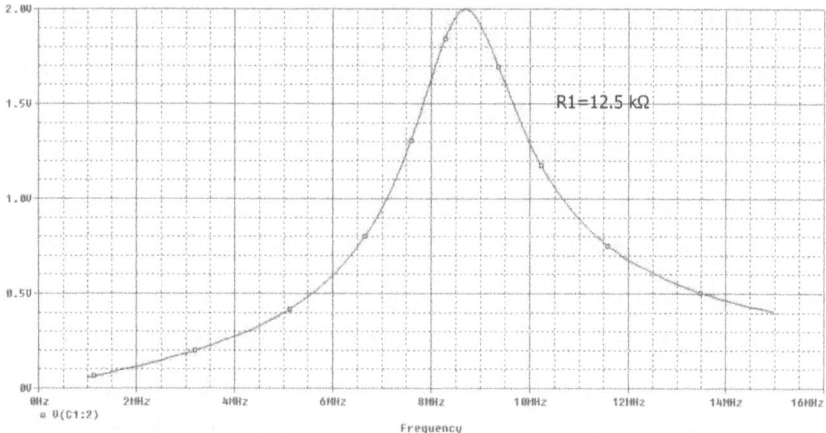

Abb.5.6 Tatsächlicher Schwingkreisfilters

Der Vergleich der gemessenen Werte mit den idealen Werten ergibt mit einem Vorwiderstand Rv = 12.5 kΩ ungefähr die gleiche Güte, nur dass sich die Resonanzfrequenz bei f = 9 MHz befindet s.Abb.5.6. Somit entsprechen die gemessenen Werte nicht den mit der PSPICE Simulationssoftware idealen Werten. Dies ist auf die Bauteilanordnung und Toleranz der Spule und des Kondensators zurückzuführen. Daraus resultiert, dass mit einem Trimmkondensator die Resonanzfrequenz besser angepasst werden kann.

5.2.3 Signalverstärkung

Die Anstiegsgeschwindigkeit ist ein wichtiges Kriterium bei der Auswahl des geeigneten Transistors. Der hier ausgewählte Transistor BFR92P besitzt eine Anstiegsgeschwindigkeit von V_A = 5000 V/µs./7/ Ein weiteres Kriterium ist die Arbeitsfrequenz. Der Transistor kann mit Frequenzen bis zu f = 3 GHz betrieben werden.

Zur Verstärkung der Signale wird eine doppelte Emitterschaltung angewandt, die mit einem stabilisierten Arbeitspunkt betrieben wird s.Abb.5.7. Mit ihr wird eine hohe Verstärkung mit möglichst wenigen Bauteilen erreicht.

Bevor an die Verstärkerschaltung Wechselspannungen angelegt werden, muss zunächst die Schaltung mit Gleichspannung dimensioniert werden, d.h. zu einem gegeben Verstärkungsfaktor V, Kollektorstrom Ic und zur Eingangsfrequenz f werden die Widerstände und Kondensatoren der Schaltungen berechnet. Die Schaltung wird so dimensioniert, dass sie die folgenden Vorgaben erfüllt.

Betriebsspannung U = 12V	Kollektorstrom I_C = 15 mA
Querstrom I_Q = 2.7 mA	Verstärkung V = −5.5
Eingangsfrequenz f = 13.56 MHz	

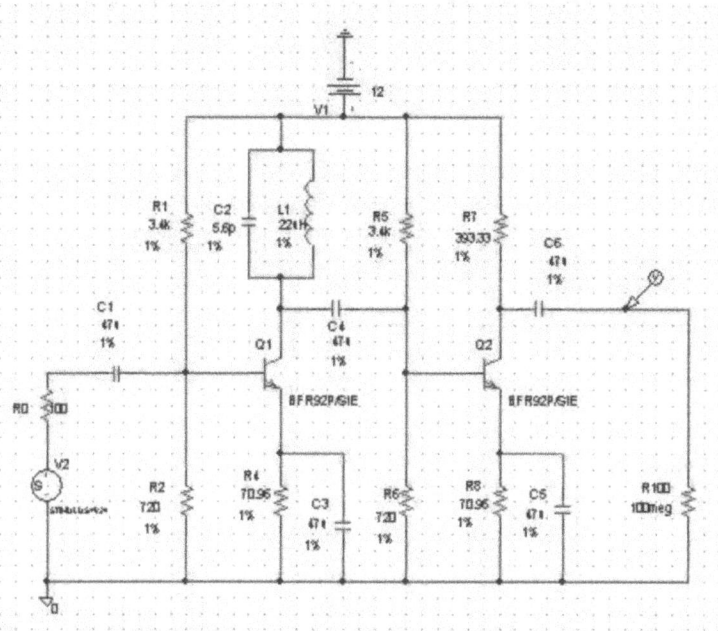

Abb.5.7   Signalverstärkung mit integriertem Parallelschwingkreis

Bestimmung von R_7 und R_8:

Diese beiden Widerstände müssen mehrere Kriterien erfüllen. Zunächst darf die maximale Verlustleistung P_{tot} des Transistors nicht überschritten werden, was den maximalen Kollektorstrom begrenzt. Bei I_C = 30 mA und U = 20 V liegt diese mit P_{tot} = 280 mW aber hoch genug, so dass sich daraus keine Mindestgröße für R_7 und R_8 ableiten lässt.

$$R_7 + R_8 \geq 0$$

Andererseits muss über der Kollektor-Emitter-Strecke des Transistors mindestens eine Spannung von einem Volt abfallen, damit der Transistor sicher im linearen Bereich betrieben wird. Somit bedeutet dies für R_7 und R_8, dass hier über höchstens U − U_{CE} abfallen dürfen.

$$R_7 + R_8 <= \frac{U - U_{CE}}{I_c} = \frac{19V}{30mA} = 633\ \Omega$$

Da die Schaltung eine Spannungsverstärkung von -5.5 haben soll, folgt für R_7 und R_8:

$$\frac{R_7}{R_8} = 5.5$$

Als letztes Kriterium bleibt noch das Spannungspegel des Ruhesignals. Die Schaltung soll laut der Signaldarstellung in der Anleitung so ausgelegt werden, dass das Ausgangssignal nach oben und unten eine Aussteuerbereich von $U_A = 5.25$ V hat. Somit muss der Ausgang im Ruhezustand bei $U - U_A$ liegen, über R_7 sollen also $U_A = 5.25$ V abfallen. Es ist daher:

$$R_7 = \frac{U_A}{I_c} = \frac{5.25V}{15mA} = 370\ \Omega$$

Um alle obigen Bedingungen möglichst gut zu erfüllen, wird $R_7 = 393\ \Omega$ und $R_8 = 71\ \Omega$ genommen.

Bestimmung von R_5 und R_6:

Da durch R_5 und R_6 ein Querstrom von $I_Q = 2.7$ mA fließen soll, ergibt sich (der durch die Basis abfließende Strom wird vernachlässigt):

$$R_5 + R_6 = \frac{U}{I_Q} = \frac{12V}{2.7mA} = 4400\ \Omega$$

Über dem Widerstand R_8 fällt eine Spannung von $U_{R8} = 71\ \Omega \cdot 15$ mA $= 1.07$ V ab und über der Basis-Emitter-Strecke des Transistors weitere $U_{BE} = 0.9$ V, so dass in der Mitte des von R_5 und R_6 gebildeten Spannungsteilers ein Potential von $U_{R6} = 1.97$ V anliegen muss. Somit fällt über R_6 ebenfalls eine Spannung von $U_{R6} = 1.97$ V ab, und das Verhältnis der Widerstände R_5 und R_6 ist:

$$\frac{R_5}{R_6} = \frac{U - 2V}{2V} = \frac{10}{2}$$

Optimal wären die Widerstände $R_5 = 3.6$ kΩ und $R_6 = 720\ \Omega$. Da es diese Widerstände nicht gibt, wird $R_5 = 3.4$ kΩ und $R_6 = 720\ \Omega$ gewählt.

Die Aufgabe des Basiskondensators C_4 ist, die Signalquelle von der Spannungsquelle der Schaltung zu trennen. Es darf weder ein konstanter Strom von der Signalquelle in die Basis fließen, noch ein konstanter Strom aus dem Spannungsteiler über die Signalquelle abgezogen werden. Dies stellt der Basiskondensator sicher, da er für Gleichstrom undurchlässig ist.

Bei der Dimensionierung von C_4 ist nur zu beachten, dass der Kondensator das Eingangssignal möglichst gut durchlässt, sein Wechselstromwiderstand muss also klein gegenüber dem Widerstand der Basis-Emitter-Strecke sein. Letzterer liegt zwischen $R_{BE} = 1k\Omega$ und $R_{BE} = 50\ k\Omega$, daher wird C_4 so gewählt, dass sein Wechselstromwiderstand unter $R_{C4} = 1\ k\Omega$ liegt.

$$R_{C_4} = \frac{1}{\omega \cdot C_4} = \frac{1}{2 \cdot \pi \cdot f \cdot C_4} \ll 1k\Omega$$

Damit ergibt sich für C_4 bei einer Frequenz von $f = 13.56$ MHz

$$C_4 \gg \frac{1}{2 \cdot \pi \cdot 13.56\ \text{MHz} \cdot 1000\ \Omega} = 11.74pF$$

Eine Kapazität von $C_4 = 47\ \mu F$ wird genommen.

Wie bei der Stabilisierung des Arbeitspunktes erläutert wurde, begrenzt der Emitterwiderstand die Verstärkung. Für den Gleichstromanteil ist dies auch sinnvoll (zur Stabilisierung), allerdings wird auch die Verstärkung des Wechselsstromanteils herabgesetzt. Um diesem Effekt entgegenzuwirken, kann ein Kondensator C_5 parallel zum Emitterwiderstand geschaltet werden, der den Ausgangswiderstand eines Emitterfolgers (= 1/S) kurzschließen soll. Es muss also der Wechselstromwiderstand des Kondensators kleiner als 1/S sein. Typischerweise sind dies einige $R_{C5} = 10\ \Omega$, also wird der Kondensator so ausgewählt, dass sein Widerstand kleiner als $R_{C5} = 10\ \Omega$ ist.

$$R_{C_5} = \frac{1}{\omega \cdot C_5} = \frac{1}{2 \cdot \pi \cdot f \cdot C_5} \ll 10\ \Omega$$

Für eine Frequenz von $f = 13.56$ MHz bedeutet dies für C_5:

$$C_5 \gg \frac{1}{2 \cdot \pi \cdot 13.56\ \text{MHz} \cdot 10\ \Omega} = 1.2nF$$

Eine Kapazität von $C_5 = 47\ \mu F$ wird genommen.

Der Kollektorkondensator C6 soll das Ausgangssignal glätten. Er muss daher so dimensioniert werden, dass er niederohmig gegen R7 = 393 Ω ist. Es muss gelten:

$$C_6 \gg \frac{1}{2 \cdot \pi \cdot 13.56 \ MHz \cdot 393 \ \Omega} = 30pF$$

Aus praktischen Gründen wird derselbe Kondensator wie am Emitter, also C6 = 47 µF genommen.

Die Schaltung erreicht einen siebzigfachen Verstärkungsfaktor. Die Berechnung für die zweiten Emitterverstärker erfolgt gleich s.Abb.5.7. Nur anstatt eines Kollektorwiderstands wird ein Parallelschwingkreis eingesetzt. Somit wird ein Eingangsignal von UE = 1 mV auf etwa UA = 5 V verstärkt.

Bei der fertig aufgebauten mehrstufigen Verstärkerschaltung s.Abb.5.8 wird rechts oben die Spannungsversorgung angeschlossen, links dient die Stabantenne als Eingangssignal. Die BNC- Buchse wird für das Ausgangssignal benutzt. Die Verstärkerschaltung ist durchaus noch optimierbar. Der Parallelschwingkreisfilter kann auch direkt am Basiseingang des Transistors angeschlossen werden.

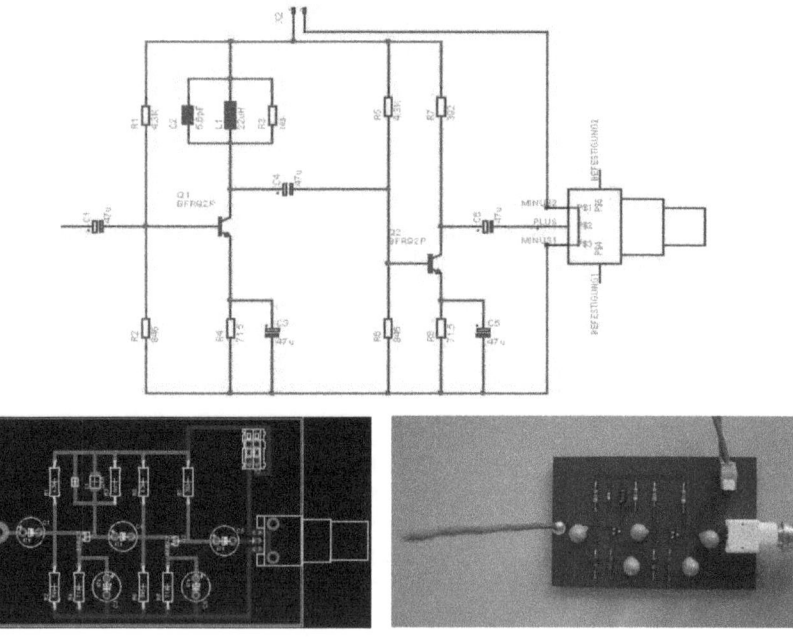

Abb.5.8   Signalverstärker

5.2.4 Signalwandlung

Die Komparatoren befinden sich im einen IC- Baustein AD8564AN s.Abb.5.9. Jedes empfangene Antennensignal wird mit einem eigenen Komparator in ein TTL- Signal gewandelt.

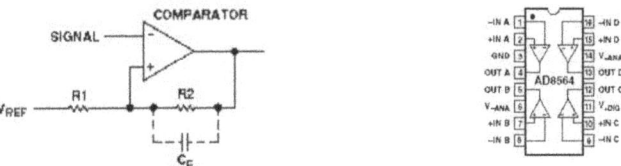

Abb.5.9   Komparatorschalkreis /8/

Sie schalten bei einem einstellbaren Schwellwert über den Potentiometer R1 = 237 kΩ ein TTL- Signal durch s.Abb.5.10. Dieser ist zwischen $U_{schwell}$ = 0 - 5 V justierbar. Die zwei nebenstehenden Kondensatoren dienen zur Spannungsstabilisierung.

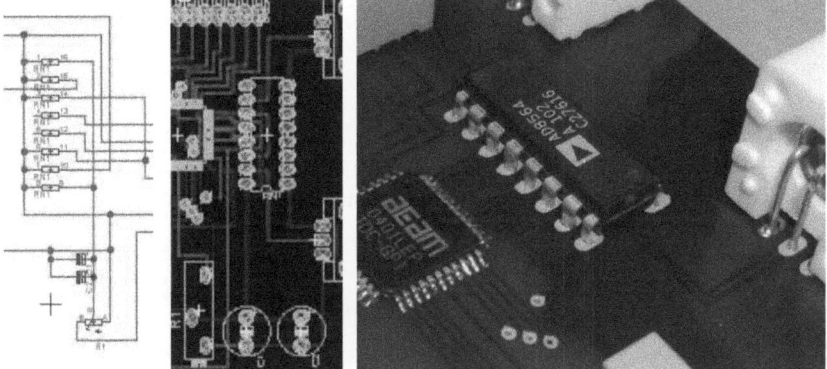

Abb.5.10   Signalwandler (Komparator)

Der Komparator hat eine Reaktionszeit von typisch t = 6.75 ns und max. t = 9.8 ns. Er ist momentan eines der schnellsten auf dem Markt, was die Reaktionszeit und die Wandlung in ein TTL- Signal betrifft. Zum Simulieren der Schaltung ist in der Bausteinbibliothek von PSPICE kein Bauelement vorhanden.

5.2.5 Entwurf der Zeitmessung

Um eine Zeit messen zu können benötigt der TDC- Baustein zuerst eine stabile Versorgungsspannung V_{CC_CORE}. Dafür ist der Schaltungsteil um den LM317H dafür zuständig s.Abb.5.11.

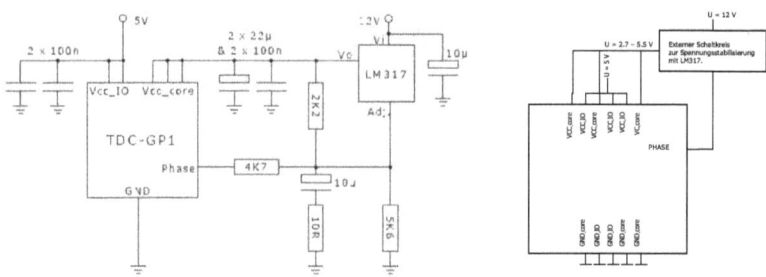

Abb.5.11 Stabilisierung der V_{CC} Core Spannungsversorgung

Die Spannung V_{CC_CORE} kann je nach gewünschter Messgenauigkeit zwischen $U = 2.7 - 5.5$ V über die Kombination der Widerstände $R_{2K2} = 2.2$ kΩ und $R_{5K6} = 5.6$ kΩ eingestellt werden. Die kleinste mögliche Ausgangsspannung V_{CC_CORE} entspricht dem Wert der Referenzspannung. Dies ist dann der Fall, wenn der $R_{5K6} = 5.6$ kΩ und $R_{10R} = 10$ Ω Widerstand einen Wert von $R = 0$ Ω hat. Kondensatoren sind notwendig um Spannungsschwankungen auszugleichen. Nach dem der Komparator das TTL Signal durchgeschaltet hat, kann die Zeitmessung über dem TDC- GP1 Baustein erfolgen.

5.2.6 Zeitverarbeitung

Die gemessenen digitalen Werte am TDC- Baustein werden über einen Mikrocontroller ausgelesen. Hier im Bild ist der Grobaufbau zu sehen s.Abb.5.12.

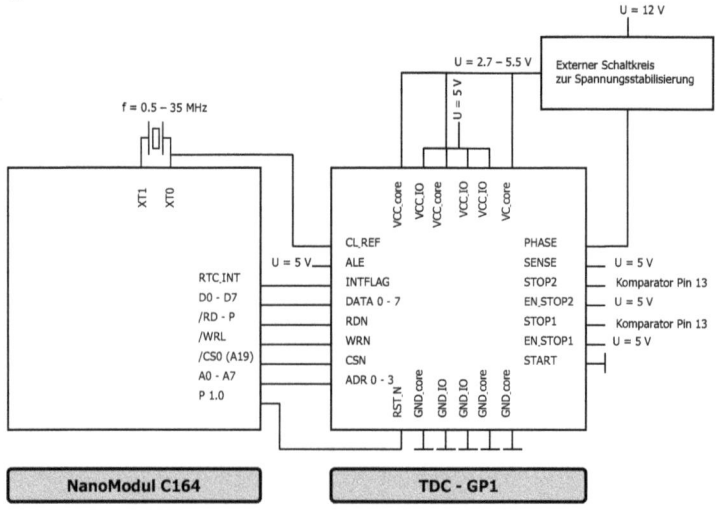

Abb.5.12 Schnittstellendefinition zwischen dem Mikrocontroller und TDC- GP1 Baustein im Resolution Adjust Modus

Im Anhang wird genau dargestellt, welcher Pin vom Mikrocontroller mit dem TDC-Baustein verbunden wird.

Von den verschiedenen Modi die ein TDC bietet ist nur das Resolution Adjust verwendbar. In diesem Modus ist die Auflösung nicht mehr abhängig vom einzelnen Baustein, nicht mehr abhängig von der Temperatur oder Spannung und absolut langzeitstabil s.Abb.5.13. Es braucht in diesem Modus weder vor noch während des Betriebes kalibriert zu werden.

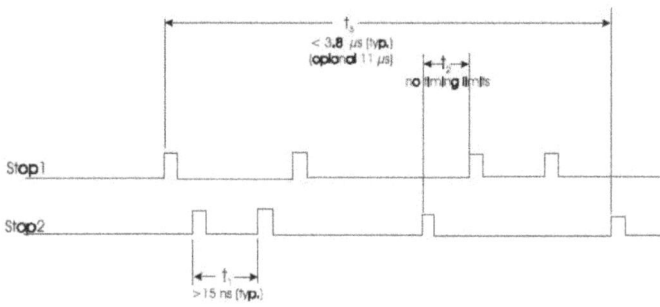

Abb.5.13 Resolution Adjust Modus /6/

Beim Resolution Adjust Modus gibt es keinen Start Impuls, da sich die Messeinheit in einem prinzipiell anderen Betriebsmodus befindet. Es sind folgende Zeiten zu beachten:

o Zwischen zwei Ereignissen auf dem gleichen Kanal müssen mindestens $t_1 = 15$ ns liegen (Doppelpulsauflösung). Liegen Ereignisse näher aneinander wird das zweite Ereignis nicht erkannt, da es in der Erholzeit des Kanals liegt,

o Zwischen zwei Ereignissen auf verschiedenen Kanälen gibt es keine minimale Zeit,

o Alle zu messenden Ereignisse müssen innerhalb von $t_3 = 3.6$ µs nach dem ersten Messpuls auf einen der Stopps kommen (kann optional erweitert werden).

Der Aufbau sowie die Implementierung sind dem Modus entsprechend abhängig.

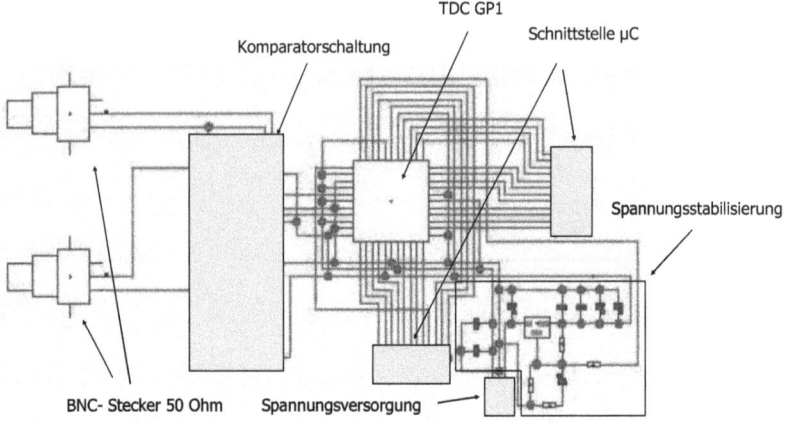

Abb.5.14 Realisierung des Zeitmeßsystems mit TDC GP1 Baustein

Die vom Komparator gewandelten TTL- Signale werden an die Stoppeingänge des TDC- Bausteins gelegt s.Abb.5.14. Zuvor wird das verstärkte Sinussignal über die BNC- Adapter an den Komparator geleitet. Über Klemmenanschlüsse werden die Daten- und Steuerleitungen vom Mikrocontroller in den TDC- Baustein verbunden s.Abb.5.15.

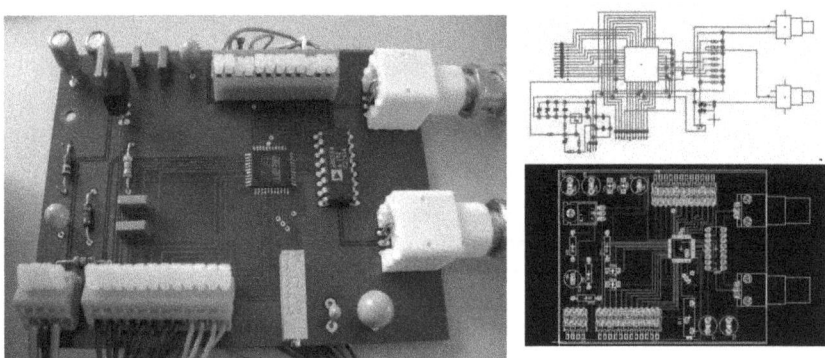

Abb.5.15 Zeitmeßsystem

Bei der Programmierung s.Abb.5.16 des TDC- Bausteins wird nach dem im Lösungskonzept eingeleiteten Weg vorgegangen.

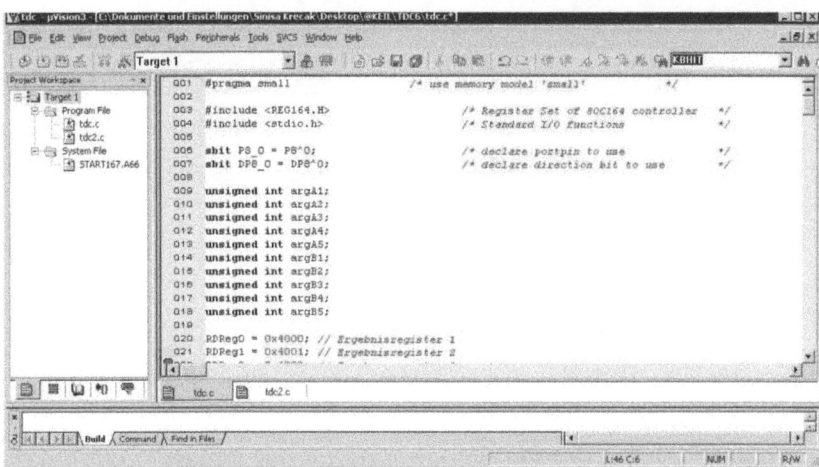

Abb.5.16   Programmierung des TDC Bausteins

5.2.7   Positionsbestimmung und Visualisierung

Im Resolution Adjust- Modus können maximal vier Hits pro Eingang gemessen werden. Um festzustellen, ob etwas Sinnvolles gemessen wird, werden alle Messwerte aus dem TDC- Baustein angezeigt s.Abb.5.17. Die Werte werden als Entfernungen umgerechnet und angezeigt. Die Mittelwertbildung erfolgt nach im Kapitel 4.2.5.2 beschriebenem Prinzip.

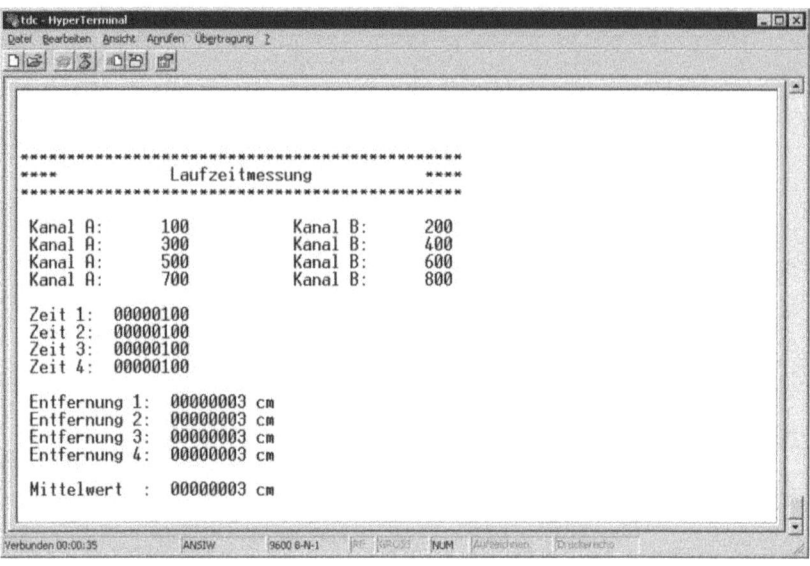

```
tdc - HyperTerminal                                              _ □ ×
Datei  Bearbeiten  Ansicht  Anrufen  Übertragung  ?
 D ┊ ☎ ┊ ♥ ┊ ♥ ♥ ┊ ☞


 ********************************************************
 ****             Laufzeitmessung             ****
 ********************************************************

 Kanal A:     100          Kanal B:     200
 Kanal A:     300          Kanal B:     400
 Kanal A:     500          Kanal B:     600
 Kanal A:     700          Kanal B:     800

 Zeit 1:   00000100
 Zeit 2:   00000100
 Zeit 3:   00000100
 Zeit 4:   00000100

 Entfernung 1:   00000003 cm
 Entfernung 2:   00000003 cm
 Entfernung 3:   00000003 cm
 Entfernung 4:   00000003 cm

 Mittelwert  :   00000003 cm


Verbunden 00:00:35        ANSIW      9600 8-N-1    RF  NROLL  NUM  Aufzeichnen  Druckerecho
```

Abb.5.17 Visualisierung am Hyperterminal

Die hier abgebildeten Werte sind nur exemplarisch im Programm errechnet worden und sollen auf der konzeptuellen Ebene die Realisierung darstellen.

5.2.8 Der Gesamtaufbau

Die Messeinrichtung zum Lokalisieren eines RFID- Lesegeräts wird nun in einer Ge- samtübersicht dargestellt s.Abb.5.18. Ein RFID- Lesegerät befindet sich zwischen zwei Antennen. Dieser kann per Software ein- oder ausgeschaltet werden. Die Ent- fernungsberechnung des RFID- Lesegerätes soll über die Laufzeitmessung von Signalen erfolgen. Die zu unterschiedlichen Zeitpunkten an den Antennen ankommenden Signale werden über das Zeitmeßsystem erfasst. Zuvor werden die Signale gefiltert und verstärkt. Über den Mikrocontroller werden die gemessenen Be- fehle ausgelesen und zur Positionsbestimmung weiter verarbeitet. Die Ausgabe der Messdaten, Zwischenrechnungen und der Position erfolgt über das Hyperterminal. Die Kommunikation zwischen dem Mikrocontroller und PC sowie RFID- Lesegerät und PC findet über eine serielle RS 232 Schnittstelle statt.

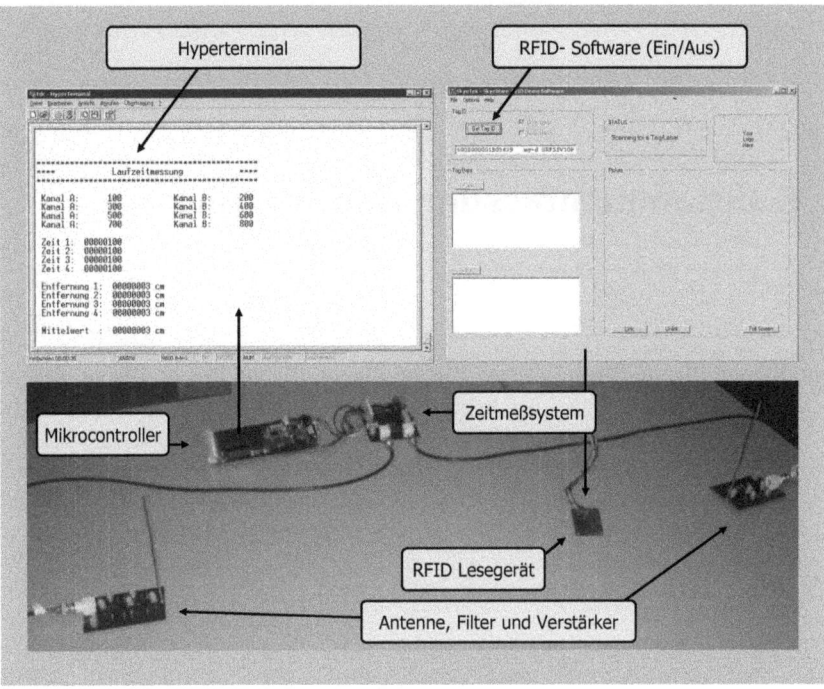

Abb.5.18 Der Gesamtaufbau zum lokalisieren des RFID Lesegerätes

6 Zusammenfassung und Ausblick

Die automatisierte Handhabung von Objekten mit Hilfe von Robotern im innerbe-
trieblichen Materialfluss setzt die Kenntnis der Position und Orientierung des Objektes im Raum voraus. Dieses Problemgebiet ist derzeit Gegenstand der Forschung am
Fraunhofer Institut für Produktionstechnik und Automatisierung in der Abteilung
Robotersysteme. Zu untersuchen war, ob und wie eine ortsauflösende Lokalisierung
von Objekten mit Hilfe von RFID- Transponder mathematisch und technisch realisiert werden kann. Der Grund dafür ist, dass die RFID- Technik zunehmend in der
Materialwirtschaft an Bedeutung gewinnt.

Die vorliegende Diplomarbeit leistete dabei einen Beitrag zu einer allgemeinen Theorie und Beschreibung von derzeitigen Systemen zur Objektlokalisierung. Diesbezüg-
lich wurde noch vertieft in die Materie der RFID- Systeme eingegangen. Ein
mathematisch fundierendes Berechnungsmodell basierend auf der Multilateration
wurde modifiziert sowie theoretisch als auch praktisch verifiziert. Das neue Einweg-
Berechnungsverfahren ist unabhängig von der Signalquelle und innerhalb als auch
außerhalb von Gebäuden einsetzbar. Eine absolute Positionsbestimmung mit einer
fernortenden Berechnung ist möglich. Darauf basierend ist nicht nur auf konzeptuel-
ler Ebene eine Hardwareumsetzung erstellt worden, sondern praxisnah umgesetzt in
Form eines Funktionsmusters. Als Alternativen, zur Messung sehr kurzer Zeitab-
schnitte mit hoher zeitlicher Auflösung sind noch verschiedene zum Teil unbekannte
Ansätze beschrieben worden.

Das mathematische Berechnungskonzept war zur Lokalisierung von RFID-
Transpondern gedacht und nun ist es für alle Objekte, die ein Signal aussenden anwendbar. Die Besonderheit ist, dass die interne Verarbeitungszeit des sendenden Objektes vernachlässigt werden kann und es keine kostspielige zeitliche
Synchronisation erfordert.

Es ist eine gute Voraussetzung geschaffen worden, um dieses in der Diplomarbeit erstellte Konzept weiter zu verfolgen und die noch offenen Problemstellungen zu lö-
sen.

Quellenverzeichnis

/ 1 / Suemer, C.   : RFID- Geschichte - Vom 2. Weltkrieg zum Auto - ID - Center.
http://www.telemat.de , Leipzig, Ausgabe 03.2004,
http://telemat.de/index.php?artikel=624.

/ 2 / ohne Verfasser : Entwicklung eines Mikrochips zur Realisierung EDA-
Zentrum von Identifikationssystemen.
http://www.eda.fh-aalen.de/, Aalen, Ausgabe 05.2004.
http://www.eda.fh-aalen.de/Projekte/identsyst/Dokumente/rfid.pdf.

/ 3 / Finkenzeller, K. : RFID-Handbuch.
Carl Hanser Verlag, München, 3. Auflage 2001.
ISBN 3-446-22071-2.

/ 4 / ohne Verfasser : Die schnellste Stoppuhr der Welt.
Max-Planck-Institut für Quantenoptik Garching und TU
Wien, Ausgabe 02.2004, http://nano.ivcon.org.

/ 5 / Scholz, P.   : Mobilfunk-Antennentechnik.
KATHREIN- Werke KG, Rosenheim, Ausgabe 11.2004,
http://www.kathrein.de.

/ 6 / ohne Verfasser : Datasheet TDC-GP1.
Acam Messelektronic GmbH, Stutensee, Ausgabe 12.2003,
http://www.acam.de.

/ 7 / Tietze, U. ; Schenk, C. : Halbleiter-Schaltungstechnik.
Springer Verlag, Berlin Heidelberg, 12. Auflage 2002,
ISBN: 3-540-42849-6.

/ 8 / ohne Verfasser : Datasheet AD8564AN.
Analog Devices, Großbritannien, Ausgabe 04.2002,
http://www.analog.com.

/ 9 /   ohne Verfasser   :   Radio Frequency Identification.
                                  http://www.wikimedia.de, Deutschland, Ausgabe 10.2004,
                                  http://de.wikipedia.org/wiki/Radio_Frequency_Identification

/ 10 /   Beigl, L.W.M.   :   Ubiquitous Computing.
                                  Universität Karlsruhe, Karlsruhe, Ausgabe WS 01/02,
                                  http://www.teco.uni-karlsruhe.de.

/ 11 /   ohne Verfasser   :   Vergleich unterschiedlicher Ortungstechnologien unter Be-
                                  rücksichtigung der Kosten-/Nutzen Aspekte.
                                  MoMa Consortium, Deutschland, Ausgabe 2004,
                                  http://www.mobilesmarketing.com/moma/Downloads/
                                  Trendberichte/MoMa_PosPapier_Ortung.pdf

Anlagenverzeichnis

Anlage 1

Berechnungen in Mathematica ohne Antennenkoordinaten

Berechnungen in Mathematica mit Antennenkoordinaten

Die Dateien befinden sich auf der beiliegenden CD-ROM.

```
equ = {(0 - xt)^2 + (0 - yt)^2 + (0 - zt)^2 == r0^2,
    (xt - 10)^2 + (yt - 0)^2 + (zt - 0)^2 == (r1 + r0)^2,
    (xt - 0)^2 + (yt - 10)^2 + (zt - 0)^2 == (r2 + r0)^2,
    (xt - 10)^2 + (yt - 10)^2 + (zt - 0)^2 == (r3 + r0)^2}
```

$(xt^{2} + yt^{2} + zt^{2} == r0^{2}, \ (-10 + xt)^{2} + yt^{2} + zt^{2} == (r0 + r1)^{2},$
$xt^{2} + (-10 + yt)^{2} + zt^{2} == (r0 + r2)^{2}, \ (-10 + xt)^{2} + (-10 + yt)^{2} + zt^{2} == (r0 + r3)^{2})$

Solve[equ, {xt, yt, zt, r0}] // FullSimplify

$$\left\{\left\{zt \to -\frac{1}{20}\right.\right.$$
$$\sqrt{\left(-\frac{1}{(r1 + r2 - r3)^{2}} \ (2 \ (-200 + (r1 - r2)^{2}) \ (-100 \ r1 \ r2 - 50 \ r2^{2} + r1^{2} \ (-50 + r2^{2})) - 2 \ (-200 + (r1 - r2)^{2})\right.}$$
$$(r1 + r2) \ (-100 + r1 \ r2) \ r3 + (20000 + r1^{4} + 2 \ r1^{3} \ r2 - 200 \ r2^{2} + r2^{4} + 2 \ r1 \ r2 \ (-200 + r2^{2}) -$$
$$4 \ r1^{2} \ (50 + r2^{2})) \ r3^{2} - 2 \ (-100 \ r1 + r1^{3} - 100 \ r2 + r2^{3}) \ r3^{3} + (-100 + r1^{2} + r2^{2}) \ r3^{4})\Big),$$
$$xt \to \frac{1}{20} \ \left(100 + r1 \ \left(r2 - \frac{2 \ r1 \ r2}{r1 + r2 - r3} + r3\right)\right), \ yt \to \frac{1}{20} \ \left(100 + r2 \ \left(r1 - \frac{2 \ r1 \ r2}{r1 + r2 - r3} + r3\right)\right),$$
$$r0 \to$$
$$\left. -\frac{r1^{2} + r2^{2} - r3^{2}}{2 \ (r1 + r2 - r3)}\right\},$$
$$\left\{zt \to \frac{1}{20} \ \sqrt{\left(-\frac{1}{(r1 + r2 - r3)^{2}} \ (2 \ (-200 + (r1 - r2)^{2}) \ (-100 \ r1 \ r2 - 50 \ r2^{2} + r1^{2} \ (-50 + r2^{2})) -\right.}\right.$$
$$2 \ (-200 + (r1 - r2)^{2}) \ (r1 + r2) \ (-100 + r1 \ r2) \ r3 +$$
$$(20000 + r1^{4} + 2 \ r1^{3} \ r2 - 200 \ r2^{2} + r2^{4} + 2 \ r1 \ r2 \ (-200 + r2^{2}) - 4 \ r1^{2} \ (50 + r2^{2})) \ r3^{2} -$$
$$2 \ (-100 \ r1 + r1^{3} - 100 \ r2 + r2^{3}) \ r3^{3} + (-100 + r1^{2} + r2^{2}) \ r3^{4})\Big),$$
$$xt \to \frac{1}{20} \ \left(100 + r1 \ \left(r2 - \frac{2 \ r1 \ r2}{r1 + r2 - r3} + r3\right)\right), \ yt \to \frac{1}{20} \ \left(100 + r2 \ \left(r1 - \frac{2 \ r1 \ r2}{r1 + r2 - r3} + r3\right)\right),$$
$$r0 \to$$
$$\left.\left. -\frac{r1^{2} + r2^{2} - r3^{2}}{2 \ (r1 + r2 - r3)}\right\}\right\}$$

r1 = 3.7

3.7

r2 = 5

5

r3 = 7

7

Solve[equ, {xt, yt, zt, r0}]

$\{\{zt \to 0. - 2.44815 \ i, \ xt \to 3.19353, \ yt \to 2.23382, \ r0 \to 3.03235\},$
$\{zt \to 0. + 2.44815 \ i, \ xt \to 3.19353, \ yt \to 2.23382, \ r0 \to 3.03235\}\}$

equ = {xt^2 + yt^2 + zt^2 == r0^2, (xt - Lx1)^2 + (yt - Ly1)^2 + (zt - Lz1)^2 == (r1 + r0)^2,

(xt - Lx2)^2 + (yt - Ly2)^2 + (zt - Lz2)^2 == (r2 + r0)^2}

{xt^t + yt^t + zt^t == r0^t, (-Lx1 + xt)^t + (-Ly1 + yt)^t + zt^t == (r0 + r1)^t,

(-Lx2 + xt)^t + (-Ly2 + yt)^t + (-Lz2 + zt)^t == (r0 + r2)^t}

Solve[equ, {xt, yt, r0}] // FullSimplify

$\{\{$xt $\rightarrow$ ((Ly2 r1 - Ly1 r2)

$\sqrt{}$((Lx2 Ly1 - Lx1 Ly2)^t ((Lx1^t + Ly1^t - r1^t) (Lx2^4 + Lx2^t (Ly1^t - 2 Ly1 Ly2 + 2 Ly2^t + 2 Lz2^t - r1^t +

2 r1 r2 - 2 r2^t) + Lx1^t (Lx2^t + Ly2^t - r2^t) - 2 Lx1 Lx2 (Lx2^t + Ly2^t + Lz2^t - r2^t) +

(-Lz2^t + (Ly2 - r2) (Ly1 - Ly2 + r1 - r2)) (-Lz2^t + (Ly2 + r2) (Ly1 - Ly2 - r1 + r2))) -

4 Lz2 (Lx1^t + Ly1^t - r1^t) (-Lx1 Lx2 + Lx2^t + Ly2 (-Ly1 + Ly2) + Lz2^t + (r1 - r2) r2) zt +

4 (-Ly2^t r1^t + Lx2^t (Ly1 - r1) (Ly1 + r1) + Lz2^t (Ly1 - r1) (Ly1 + r1) + 2 Ly1 Ly2 r1

r2 - Ly1^t r2^t + Lx1 Lx2 (-2 Ly1 Ly2 + 2 r1 r2) + Lx1^t (Ly2^t + Lz2^t - r2^t)) zt^t)) +

(Lx2 Ly1 - Lx1 Ly2) (Lx2^3 (Ly1 - r1) (Ly1 + r1) + Lx1 Lx2^t (-Ly1 Ly2 + r1 r2) +

Lx1 (Lx1^t (Ly2 - r2) (Ly2 + r2) + Ly1^t (Ly2 - r2) (Ly2 + r2) +

r1 (Ly2^t (-r1 + r2) + r2 ((r1 - r2) r2 + Lz2 (Lz2 - 2 zt))) -

Ly1 Ly2 (Ly2^t + Lz2^t - r2^t - 2 Lz2 zt) + Lx2 (Lx1^t (-Ly1 Ly2 + r1 r2) -

(Ly1 - r1) (Ly1 + r1) ((Ly1 - Ly2) Ly2 - Lz2^t + r2 (-r1 + r2) + 2 Lz2 zt)))) /

(2 (Lx2 Ly1 - Lx1 Ly2) (Lx2^t (Ly1 - r1) (Ly1 + r1) + Lx1^t (Ly2 - r2) (Ly2 + r2) -

(Ly2 r1 - Ly1 r2)^t + Lx1 Lx2 (-2 Ly1 Ly2 + 2 r1 r2))),

yt $\rightarrow$ ((-Lx2 r1 + Lx1 r2) $\sqrt{}$((Lx2 Ly1 - Lx1 Ly2)^t ((Lx1^t + Ly1^t - r1^t)

(Lx2^4 + Lx2^t (Ly1^t - 2 Ly1 Ly2 + 2 Ly2^t + 2 Lz2^t - r1^t + 2 r1 r2 - 2 r2^t) + Lx1^t

(Lx2^t + Ly2^t - r2^t) - 2 Lx1 Lx2 (Lx2^t + Ly2^t + Lz2^t - r2^t) +

(-Lz2^t + (Ly2 - r2) (Ly1 - Ly2 + r1 - r2)) (-Lz2^t + (Ly2 + r2) (Ly1 - Ly2 - r1 + r2))) -

4 Lz2 (Lx1^t + Ly1^t - r1^t) (-Lx1 Lx2 + Lx2^t + Ly2 (-Ly1 + Ly2) + Lz2^t + (r1 - r2) r2) zt +

4 (-Ly2^t r1^t + Lx2^t (Ly1 - r1) (Ly1 + r1) + Lz2^t (Ly1 - r1) (Ly1 + r1) + 2 Ly1 Ly2 r1 r2

r2 - Ly1^t r2^t + Lx1 Lx2 (-2 Ly1 Ly2 + 2 r1 r2) + Lx1^t (Ly2^t + Lz2^t - r2^t)) zt^t)) +

(-Lx2 Ly1 + Lx1 Ly2) (Lx1^t Lx2 Ly2 + Lx2^t (-Ly1^3 + Ly2 r1^t + Ly1 r1 (r1 - r2)) -

Lx1^t (Ly2^3 + Lx2^t (Ly1 + Ly2) - Ly1 r2^t + Ly2 ((r1 - r2) r2 + Lz2 (Lz2 - 2 zt))) +

(Ly2 r1 - Ly1 r2) (-Ly1^t r2 + r1 (Ly2^t + Lz2^t + (r1 - r2) r2 - 2 Lz2 zt)) +

Lx1 Lx2 (Lx2^t Ly1 + Ly1^t Ly2 - Ly2 r1^t + Ly1 (Ly2^t + Lz2^t - r2^t - 2 Lz2 zt)))) /

(2 (Lx2 Ly1 - Lx1 Ly2) (Lx2^t (Ly1 - r1) (Ly1 + r1) + Lx1^t (Ly2 - r2) (Ly2 + r2) -

(Ly2 r1 - Ly1 r2)^t + Lx1 Lx2 (-2 Ly1 Ly2 + 2 r1 r2))),

r0 $\rightarrow$ (Lx1^3 Lx2 r2 + Lx2^t (Ly1 Ly2 r1 + r1^3 - Ly1^t (r1 + r2)) +

Lx1 Lx2 (Ly1^t r2 + r1 (Lx2^t + Ly2^t - r2 (r1 + r2) + Lz2 (Lz2 - 2 zt))) +

$\sqrt{}$((Lx2 Ly1 - Lx1 Ly2)^t ((Lx1^t + Ly1^t - r1^t) (Lx2^4 + Lx2^t (Ly1^t - 2 Ly1 Ly2 + 2 Ly2^t + 2 Lz2^t - r1^t +

2 r1 r2 - 2 r2^t) + Lx1^t (Lx2^t + Ly2^t - r2^t) - 2 Lx1 Lx2 (Lx2^t + Ly2^t + Lz2^t - r2^t) +

(-Lz2^t + (Ly2 - r2) (Ly1 - Ly2 + r1 - r2)) (-Lz2^t + (Ly2 + r2) (Ly1 - Ly2 - r1 + r2))) -

4 Lz2 (Lx1^t + Ly1^t - r1^t) (-Lx1 Lx2 + Lx2^t + Ly2 (-Ly1 + Ly2) + Lz2^t + (r1 - r2) r2) zt +

4 (-Ly2^t r1^t + Lx2^t (Ly1 - r1) (Ly1 + r1) + Lz2^t (Ly1 - r1) (Ly1 + r1) + 2 Ly1 Ly2 r1 r2 -

Ly1^t r2^t + Lx1 Lx2 (-2 Ly1 Ly2 + 2 r1 r2) + Lx1^t (Ly2^t + Lz2^t - r2^t)) zt^t)) -

Lx1^t (-Ly1 Ly2 r2 + Lx2^t (r1 + r2) + Ly2^t (r1 + r2) + r2 (Lz2^t - r2^t - 2 Lz2 zt)) +

(Ly2 r1 - Ly1 r2) (-Ly1^t Ly2 + Ly2 r1^t + Ly1 (Ly2^t + Lz2^t - r2^t - 2 Lz2 zt))) /

(2 (Lx2^t (Ly1 - r1) (Ly1 + r1) + Lx1^t (Ly2 - r2) (Ly2 + r2) - (Ly2 r1 - Ly1 r2)^t +

Lx1 Lx2 (-2 Ly1 Ly2 + 2 r1 r2)))},

{xt $\rightarrow$ ((-Ly2 r1 + Ly1 r2) $\sqrt{}$((Lx2 Ly1 - Lx1 Ly2)^t ((Lx1^t + Ly1^t - r1^t)

(Lx2^4 + Lx2^t (Ly1^t - 2 Ly1 Ly2 + 2 Ly2^t + 2 Lz2^t - r1^t + 2 r1 r2 - 2 r2^t) + Lx1^t

(Lx2^t + Ly2^t - r2^t) - 2 Lx1 Lx2 (Lx2^t + Ly2^t + Lz2^t - r2^t) +

(-Lz2^t + (Ly2 - r2) (Ly1 - Ly2 + r1 - r2)) (-Lz2^t + (Ly2 + r2) (Ly1 - Ly2 - r1 + r2))) -

4 Lz2 (Lx1^t + Ly1^t - r1^t) (-Lx1 Lx2 + Lx2^t + Ly2 (-Ly1 + Ly2) + Lz2^t + (r1 - r2) r2) zt +

4 (-Ly2^t r1^t + Lx2^t (Ly1 - r1) (Ly1 + r1) + Lz2^t (Ly1 - r1) (Ly1 + r1) + 2 Ly1 Ly2 r1

r2 - Ly1^t r2^t + Lx1 Lx2 (-2 Ly1 Ly2 + 2 r1 r2) + Lx1^t (Ly2^t + Lz2^t - r2^t)) zt^t)) +

(Lx2 Ly1 - Lx1 Ly2) (Lx2^3 (Ly1 - r1) (Ly1 + r1) + Lx1 Lx2^t (-Ly1 Ly2 + r1 r2) +

Lx1 (Lx1^t (Ly2 - r2) (Ly2 + r2) + Ly1^t (Ly2 - r2) (Ly2 + r2) +

r1 (Ly2^t (-r1 + r2) + r2 ((r1 - r2) r2 + Lz2 (Lz2 - 2 zt))) -

Ly1 Ly2 (Ly2^t + Lz2^t - r2^t - 2 Lz2 zt) + Lx2 (Lx1^t (-Ly1 Ly2 + r1 r2) -

(Ly1 - r1) (Ly1 + r1) ((Ly1 - Ly2) Ly2 - Lz2^t + r2 (-r1 + r2) + 2 Lz2 zt)))) /

(2 (Lx2 Ly1 - Lx1 Ly2) (Lx2^t (Ly1 - r1) (Ly1 + r1) + Lx1^t (Ly2 - r2) (Ly2 + r2) -

$$(Ly2\ r1 - Ly1\ r2)^2 + Lx1\ Lx2\ (-2\ Ly1\ Ly2 + 2\ r1\ r2))),$$

$$yt \to \Big((Lx2\ r1 - Lx1\ r2)\ \sqrt{((Lx2\ Ly1 - Lx1\ Ly2)^2\ ((Lx1^2 + Ly1^2 - r1^2))}$$

$$(Lx2^4 + Lx2^2\ (Ly1^2 - 2\ Ly1\ Ly2 + 2\ Ly2^2 + 2\ Lz2^2 - r1^2 + 2\ r1\ r2 - 2\ r2^2) + Lx1^2$$

$$(Lx2^2 + Ly2^2 - r2^2) - 2\ Lx1\ Lx2\ (Lx2^2 + Ly2^2 + Lz2^2 - r2^2) +$$

$$(-Lz2^2 + (Ly2 - r2)\ (Ly1 - Ly2 + r1 - r2))\ (-Lz2^2 + (Ly2 + r2)\ (Ly1 - Ly2 - r1 + r2))) -$$

$$4\ Lz2\ (Lx1^2 + Ly1^2 - r1^2)\ (-Lx1\ Lx2 + Lx2^2 + Ly2\ (-Ly1 + Ly2) + Lz2^2 + (r1 - r2)\ r2)\ zt +$$

$$4\ (-Ly2^2\ r1^2 + Lx2^2\ (Ly1 - r1)\ (Ly1 + r1) + Lz2^2\ (Ly1 - r1)\ (Ly1 + r1) + 2\ Ly1\ Ly2\ r1$$

$$r2 - Ly1^2\ r2^2 + Lx1\ Lx2\ (-2\ Ly1\ Ly2 + 2\ r1\ r2) + Lx1^2\ (Ly2^2 + Lz2^2 - r2^2))\ zt^2)) +$$

$$(-Lx2\ Ly1 + Lx1\ Ly2)\ (Lx1^3\ Lx2\ Ly2 + Lx2^2\ (-Ly1^3 + Ly2\ r1^2 + Ly1\ r1\ (r1 - r2)) -$$

$$Lx1^2\ (Ly2^3 + Lx2^2\ (Ly1 + Ly2) - Ly1\ r2^2 + Ly2\ ((r1 - r2)\ r2 + Lz2\ (Lz2 - 2\ zt))) +$$

$$(Ly2\ r1 - Ly1\ r2)\ (-Ly1^2\ r2 + r1\ (Ly2^2 + Lz2^2 + (r1 - r2)\ r2 - 2\ Lz2\ zt)) +$$

$$Lx1\ Lx2\ (Lx2^2\ Ly1 + Ly1^2\ Ly2 - Ly2\ r1^2 + Ly1\ (Ly2^2 + Lz2^2 - r2^2 - 2\ Lz2\ zt)))\Big) /$$

$$(2\ (Lx2\ Ly1 - Lx1\ Ly2)\ (Lx2^2\ (Ly1 - r1)\ (Ly1 + r1) + Lx1^2\ (Ly2 - r2)\ (Ly2 + r2) -$$

$$(Ly2\ r1 - Ly1\ r2)^2 + Lx1\ Lx2\ (-2\ Ly1\ Ly2 + 2\ r1\ r2))),$$

$$r0 \to \Big(Lx1^3\ Lx2\ r2 + Lx2^2\ (Ly1\ Ly2\ r1 + r1^3 - Ly1^2\ (r1 + r2)) +$$

$$Lx1\ Lx2\ (Ly1^2\ r2 + r1\ (Lx2^2 + Ly2^2 - r2\ (r1 + r2)) + Lz2\ (Lz2 - 2\ zt))) -$$

$$\sqrt{((Lx2\ Ly1 - Lx1\ Ly2)^2\ ((Lx1^2 + Ly1^2 - r1^2)\ (Lx2^4 + Lx2^2\ (Ly1^2 - 2\ Ly1\ Ly2 + 2\ Ly2^2 + 2\ Lz2^2 - r1^2 +}$$

$$2\ r1\ r2 - 2\ r2^2) + Lx1^2\ (Lx2^2 + Ly2^2 - r2^2) - 2\ Lx1\ Lx2\ (Lx2^2 + Ly2^2 + Lz2^2 - r2^2) +$$

$$(-Lz2^2 + (Ly2 - r2)\ (Ly1 - Ly2 + r1 - r2))\ (-Lz2^2 + (Ly2 + r2)\ (Ly1 - Ly2 - r1 + r2))) -$$

$$4\ Lz2\ (Lx1^2 + Ly1^2 - r1^2)\ (-Lx1\ Lx2 + Lx2^2 + Ly2\ (-Ly1 + Ly2) + Lz2^2 + (r1 - r2)\ r2)\ zt +$$

$$4\ (-Ly2^2\ r1^2 + Lx2^2\ (Ly1 - r1)\ (Ly1 + r1) + Lz2^2\ (Ly1 - r1)\ (Ly1 + r1) + 2\ Ly1\ Ly2\ r1\ r2 -$$

$$Ly1^2\ r2^2 + Lx1\ Lx2\ (-2\ Ly1\ Ly2 + 2\ r1\ r2) + r2\ (Lx2^2 + Ly2^2 - r2^2 - 2\ Lz2\ zt))\ zt^2)) -$$

$$Lx1^2\ (-Ly1\ Ly2\ r2 + Lx2^2\ (r1 + r2) + Ly2^2\ (r1 + r2) + r2\ (Lz2^2 - r2^2 - 2\ Lz2\ zt)) +$$

$$(Ly2\ r1 - Ly1\ r2)\ (-Ly1^2\ r2 + Ly2\ r1^2 + Ly1\ (Ly2^2 + Lz2^2 - r2^2 - 2\ Lz2\ zt)))\Big) /$$

$$(2\ (Lx2^2\ (Ly1 - r1)\ (Ly1 + r1) + Lx1^2\ (Ly2 - r2)\ (Ly2 + r2) - (Ly2\ r1 - Ly1\ r2)^2 +$$

$$Lx1\ Lx2\ (-2\ Ly1\ Ly2 + 2\ r1\ r2)))\Big\}\Big\}$$

Anlage 2

Schaltplan der Verstärkerschaltung in EAGLE

Layout der Verstärkerschaltung in EAGLE

Die Dateien befinden sich auf der beiliegenden CD-ROM.

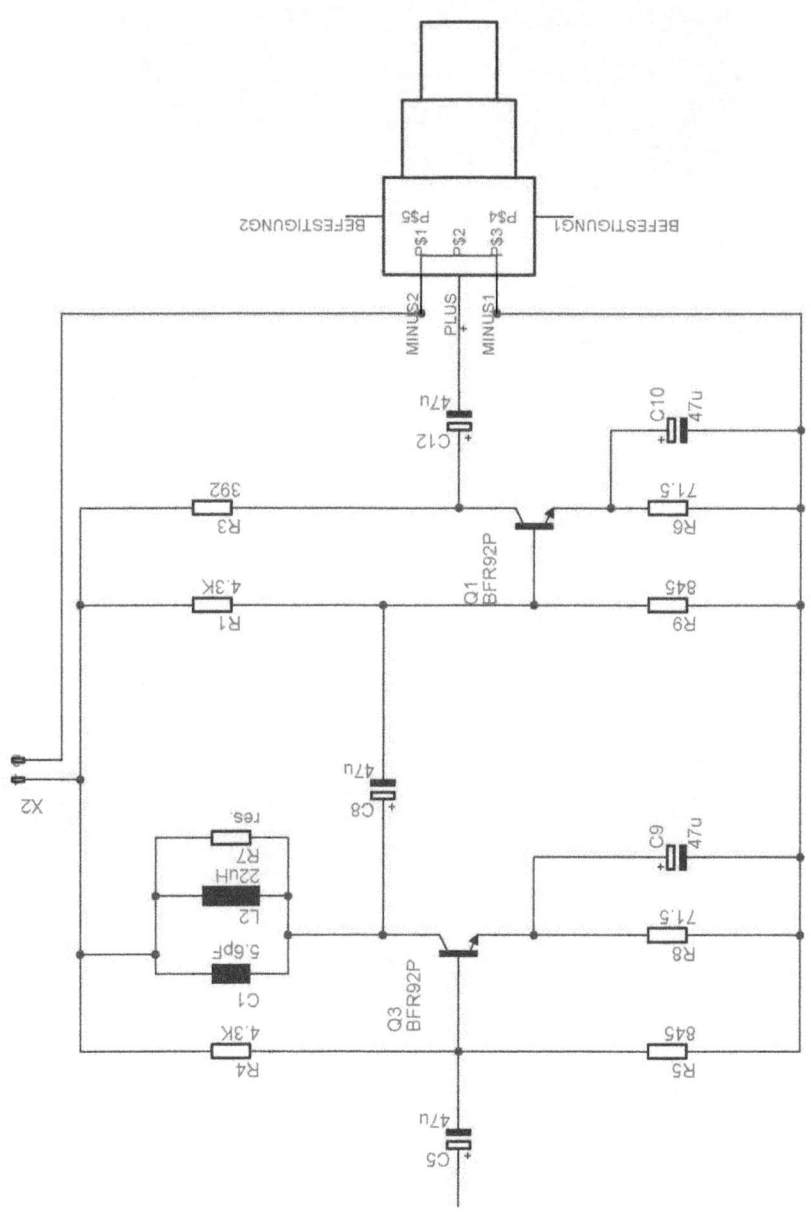

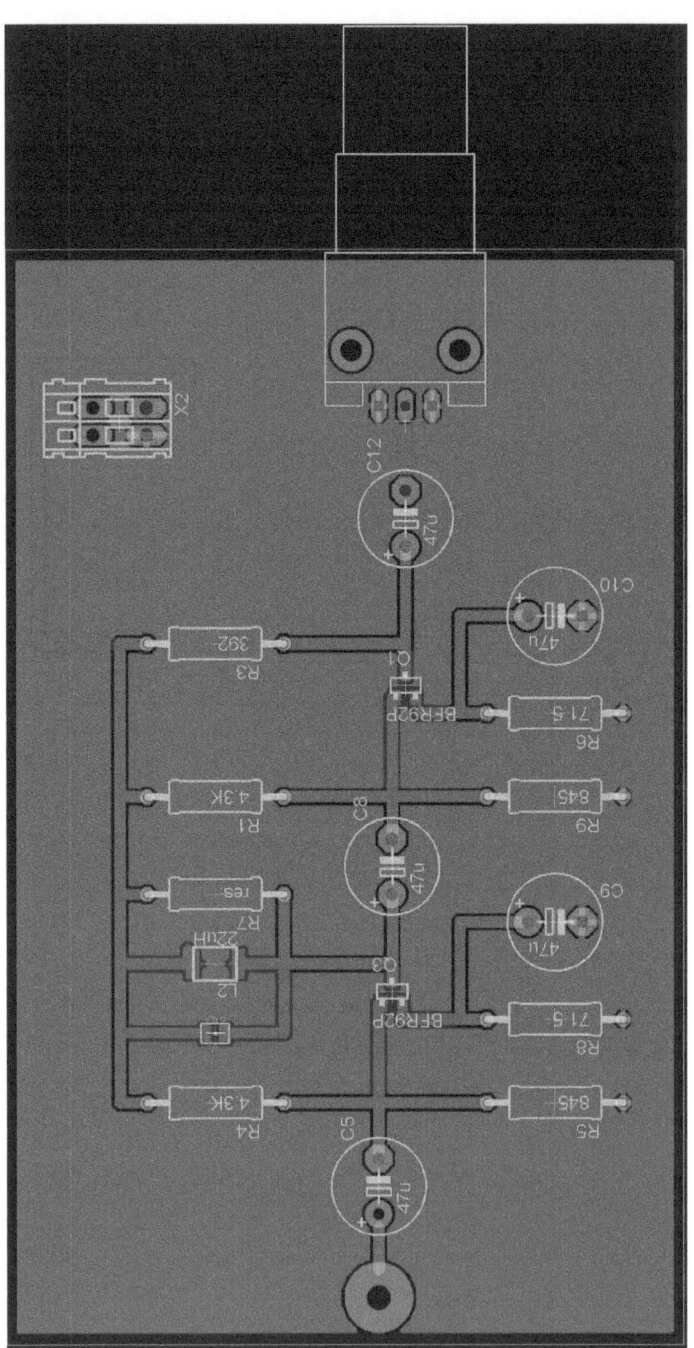

Anlage 3

Schaltplan des Zeitmeßsystems in EAGLE

Layout des Zeitmeßsystems in EAGLE

Die Dateien befinden sich auf der beiliegenden CD-ROM.

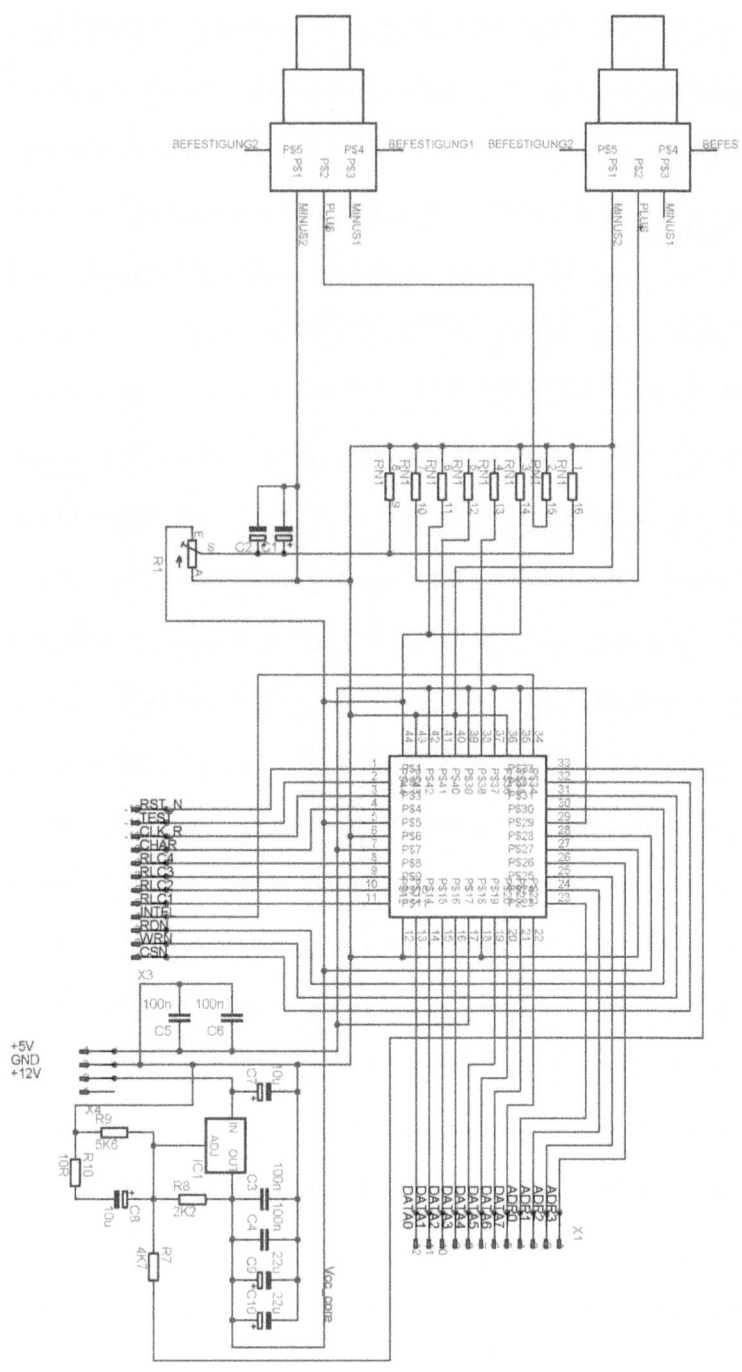

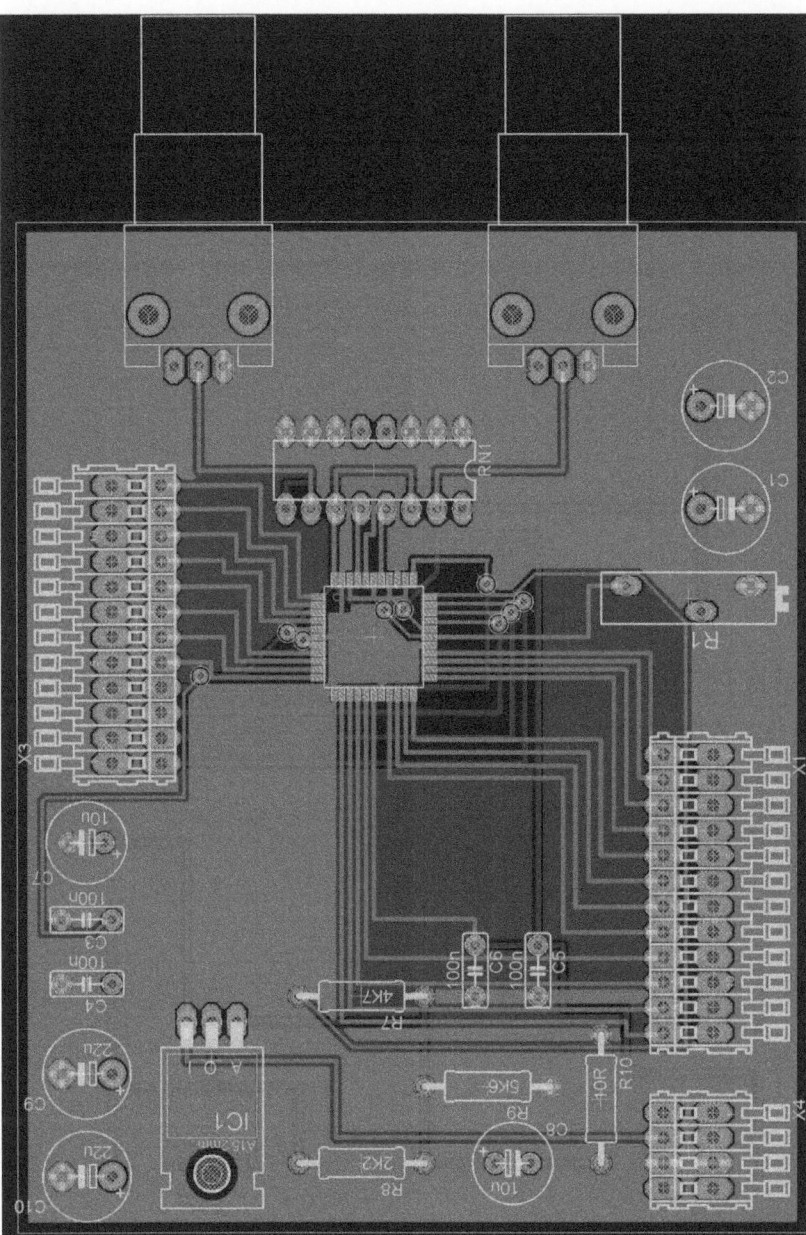

Anlage 4

Verdrahtungsplan zwischen Mikrocontroller und Zeitmeßsystem

Die Datei befindet sich auf der beiliegenden CD-ROM.

TDC / Pin	TDC / Bez.	Klemme	Kabelfarbe	uC / Bez.	uC / Pin
1	RST_N	x3.12	br	P1.0	x2/20a
2	TEST	x3.11	o	o	o
3	CLK_REF	x3.10	ws	XTO	x1/17a
4	CHARGE	x3.9	o	o	o
5	VCC_Core	intern	Vcc core	o	o
6	GND_Core	x4.3	GND	o	o
7	SENSE	x4.4	Vcc IO	o	o
8	RLC_P4	x3.8	o	o	o
9	RLC_P3	x3.7	o	o	o
10	RLC_P2	x3.6	o	o	o
11	RLC_P1	x3.5	o	o	o

TDC / Pin	TDC / Bez.	Klemme	Kabelfarbe	uC / Bez.	uC / Pin
12	GND_IO	x4.3	0V	o	o
13	DATA0	x1.12	sw	D0	x1/23a
14	DATA1	x1.11	sw	D1	x1/23b
15	DATA2	x1.10	sw	D2	x1/24a
16	DATA3	x1.9	sw	D3	x1/24b
17	VCC_IO	x4.4	Vcc IO	o	o
18	GND_IO	x4.3	GND	o	o
19	DATA4	x1.8	sw	D4	x1/25a
20	DATA5	x1.7	sw	D5	x1/25b
21	DATA6	x1.6	sw	D6	x1/26a
22	DATA7	x1.5	sw	D7	x1/26b

TDC / Pin	TDC / Bez.	Klemme	Kabelfarbe	uC / Bez.	uC / Pin
23	ADR0	x1.4	rt	A0	x1/1a
24	ADR1	x1.3	rt	A1	x1/1b
25	ADR2	x1.2	rt	A2	x1/2a
26	ADR3	x1.1	rt	A3	x1/2b
27	GND_Core	x4.3	GND	o	o
28	VCC_Core	intern	Vcc core	o	o
29	ALE	x4.4	Vcc IO	o	o
30	RDN	x3.3	sw	/RD-P	x1/20a
31	WRN	x3.2	rt	/WRL	x1/18a
32	CSN	x3.1	bl	/CS0	x1/10b
33	Phase		o	o	o

TDC / Pin	TDC / Bez.	Klemme	Kabelfarbe	uC / Bez.	uC / Pin
34	INTFLAG	x3.4	gr	RTC_INT	x2/13b
35	VCC_IO	x4.4	Vcc IO	o	o
36	START	x4.3	GND	o	o
37	EN_STOP2	x4.4	Vcc IO	o	o
38	STOP2	coax	Komparator Pin 13	o	o
39	VCC_IO	x4.4	Vcc IO	o	o
40	GND_IO	x4.3	GND	o	o
41	STOP1	coax	Komparator Pin 12	o	o
42	EN_STOP1	x4.4	Vcc IO	o	o
43	GND_Core	x4.3	GND	o	o
44	VCC_Core	intern	Vcc core	o	o

Anlage 5

Programm zur ortsauflösenden Objektlokalisierung in C

Das Programm befindet sich auf der beiliegenden CD-ROM.

```
001
002  #pragma small                     // memory model 'small' anwenden
003
004  #include <REG164.H>               // Registeraufbau vom 80C164 controller
005  #include <stdio.h>                // Standard I/O Funktionen
006
007  sbit P8_0 = P8^0;                 // Deklaration des Portpins
008  sbit DP8_0 = DP8^0;              // Deklaration des Richtungsbits
009
010  unsigned int argA1;              //Variablen Stoppeingang 1
011  unsigned int argA2;
012  unsigned int argA3;
013  unsigned int argA4;
014
015  unsigned int argB1;               //Variablen Stoppeingang 2
016  unsigned int argB2;
017  unsigned int argB3;
018  unsigned int argB4;
019
020
021
022  RDReg0 = 0x4000;                  // Ergebnisregister 1
023  RDReg1 = 0x4001;                  // Ergebnisregister 2
024  RDReg2 = 0x4002;                  // Ergebnisregister 3
025  RDReg3 = 0x4003;                  // Ergebnisregister 4
026  RDReg4 = 0x4004;                  // Ergebnisregister 5
027  RDReg5 = 0x4005;                  // Ergebnisregister 6
028  RDReg6 = 0x4006;                  // Ergebnisregister 7
029  RDReg7 = 0x4007;                  // Ergebnisregister 8
030
031
032
033  input_byte(StatusReg1,0x4008);   // Anzeige der Aufgenommenen Hits(0-6),
034  input_byte(StatusReg2,0x4009);   // Überlauf (zu viele Hits 6),
035  input_byte(StatusReg3,0x4010);   // ResAdj Einstellung akzeptiert ?
036
037  output_byte(Reg11,0x4003);        // Init TC und ALU
038
039  */
040
041
042  c = 33;                           //Lichtgeschwindigkeit  300 000 000 m/s -> 3.3ns 1cm -> 33ps
043
044  unsigned int arg1;               //Variablen der zeitlichen Differenzen
045  unsigned int arg2;
046  unsigned int arg3;
047  unsigned int arg4;
048
049  unsigned int arg01;              //Variablen für Distanzwerte
050  unsigned int arg02;
051  unsigned int arg03;
052  unsigned int arg04;
053
054  unsigned int arg;                //Mittelwert
055
056  /*******************************************************************/
057  /* main program                                                  */
058  /*******************************************************************/
059
060  void main (void) {               /* execution starts here         */
061                                   /* init serial0 port:            */
062      P3   |= 0x0400;              /* set port 3.10 output latch (TXD)  */
063      DP3  |= 0x0400;             /* configure port 3.10 for output */
064                                   /* operation. ( TXD output)      */
065      DP3  &= 0xF7FF;             /* configure port 3.11 for input  */
066                                   /* operation. ( RXD input)       */
067      S0TIC = 0x80;               /* set transmit interrupt flag   */
068      S0RIC = 0x00;               /* delete receive interrupt flag */
069      S0BG  = 0x40;               /* set baudrate to 9600 baud     */
070      S0CON = 0x8011;             /* set serial mode               */
071      putchar(' ');               /* send dummy-Byte for compatibility */
072
073      printf ("\n\n\n\n\n*****************************************\n");
074      printf ("*****          Laufzeitmessung          *****\n");
075      printf ("*****************************************\n\n");
076      printf (" Kanal A: %8u     ", argA1);   //Ausgabe Rohwerte
077      printf ("Kanal B: %8u\n", argB1);
078      printf (" Kanal A: %8u     ", argA2);
079      printf ("Kanal B: %8u\n", argB2);
080      printf (" Kanal A: %8u     ", argA3);
081      printf ("Kanal B: %8u\n", argB3);
082      printf (" Kanal A: %8u     ", argA4);
083      printf ("Kanal B: %8u\n\n", argB4);     //Ausgabe Rohwerte
084
085      arg1 = argB1 - argA1;                    //Zeitliche Differenzberechnung
086      arg2 = argB2 - argA2;
087      arg3 = argB3 - argA3;
088      arg4 = argB4 - argA4;
```

```
089
090     printf (" Zeit 1:  %08u\n", arg1);           //Ausgabe der Zeitdifferenzen
091     printf (" Zeit 2:  %08u\n", arg2);
092     printf (" Zeit 3:  %08u\n", arg3);
093     printf (" Zeit 4:  %08u\n\n", arg4);
094
095     arg01 = arg1 / c;                            // Umrechnung auf Distanz
096     arg02 = arg2 / c;
097     arg03 = arg3 / c;
098     arg04 = arg4 / c;
099
100     printf (" Entfernung 1: %08u cm\n", arg01);  //Ausgabe der Distanzwerte
101     printf (" Entfernung 2: %08u cm\n", arg02);
102     printf (" Entfernung 3: %08u cm\n", arg03);
103     printf (" Entfernung 4: %08u cm\n\n", arg04);
104
105     arg = ((arg01 + arg02 + arg03 + arg04)/4);   // Mittelwertbildung
106     printf (" Mittelwert  : %08u cm\n", arg);     // Ausgabe der gemittelten Werte
107
108     DPS_0 = 1;                                    // Setze Port auf 1-> Betriebsmodus
109
110     while (1) {                                   // Endlosschleife
111     printf ("  char = %02bX\n",getchar()); // Ausgabe der eingegebenen Zeichen
112
113     }
114  }
115
116
117
118
119  void ra()
120  {
121      unsigned int adr_tdc,adr_cntrl1,adr_cntrl2,adr_status,valid; // Variablendeklaration
122      unsigned int lock,fak_dll,i,j,status1_tdc,OFL;               // Variablendeklaration
123      int nk0,nk1,nkx,nk1max,nk1min,nkdiff,nkdiff2;                // Variablendeklaration
124      float result,resolution;                                    // Variablendeklaration
125      int quit,c;                                                 // Variablendeklaration
126
127
128  // Registeradressenzuweisungen
129      adr_tdc    = ADR0;
130      adr_cntrl1 = ADR2;
131      adr_cntrl2 = ADR3;
132      adr_status = ADR2;
133      fak_dll = 255;  // Contents of Reg 3
134
135  // TDC rücksetzen
136      outpw(adr_cntrl2,7);          // Reg7
137      outport(adr_tdc,0);           // Start and Stops sind gesperrt
138      outport(adr_cntrl2,11);       // Reg11
139      outport(adr_tdc,7);           // Rücksetzen der TDC-Core und TDC-ALU
140
141      outport(adr_cntrl2,0);        // Reg0
142      outport(adr_tdc,0x0);         // Messmodus 1
143
144      outport(adr_cntrl2,3);        // Reg3
145      outport(adr_tdc,fak_dll);     // DIV_CLK_PLL = 100
146
147      outport(adr_cntrl2,4);        // Reg4
148      outport(adr_tdc,0x16);        // SEL_CLK_DLL = 64  NEG_PH_PLL
149
150  // resolution = 15.*1./(120.*fak_dll);
151      outport(adr_cntrl2,1);        // Reg1
152      outport(adr_tdc,0x80);        // RSG_ADJ = AN
153      delay(500);
154      outport(adr_cntrl2,2);        // Reg2
155      outport(adr_tdc,0x19);        // stop1 Kanal2 - stop1 Kanal1
156      outport(adr_cntrl2,7);        // Reg7
157      outport(adr_tdc,0x09);        // Freigabe der Hits am Kanal1
158      quit=FALSE;
159      nk1max=0;
160      nk1min=30000;
161
162      while(!quit)
163      {
164          outport(adr_cntrl2,11);       // Reg11
165          outport(adr_tdc,7);           // Rücksetzen der TDC-Core und TDC-ALU
166
167  // Messmodus .....
168
169          valid=0;
170          j=0;
171          while(valid==0)
172          {
173              valid = inport(adr_status); // Status auslesen
174              valid = valid & 0x40;       // Maskiere gültiges flag (intflag)
175          j++;
```

```
176
177         if(j==500)
178         {printf( ">>>>>> keine Hits entdeckt <<<<<<\n");
179         j=0;
180         }
181         delay(1);
182         }
183
184         outport(adr_cntr12,8);        // lese Statregl
185         status1_tdc=inport(adr_tdc);
186         lock=(status1_tdc&0x80)/128; // lese PLL Lock Bit
187         OFL= (status1_tdc&0x40)/64;  // lese Überlauf Bit
188
189         //  if(OFL==0)
190         if(1)
191         {
192         outport(adr_cntr12,0);        // lese-adr.-pointer auf 0
193         // benutze den GP1 adr.-autoinkrement
194         nk0 = inport(adr_tdc);        // nk(lb)
195         nk1 = inport(adr_tdc);        // nk(hb)
196
197         nk1 = nk1 * 256;              // schiebe links
198         nk1 = nk1 | nk0;             // nk = nk(hb) oder nk(lb)
199         nkx=nk1;
200
201         if(nk1<0) nk1=nk1+30720;
202
202
203         if(j<3)
204         {
205         if(nk1max<nk1)nk1max=nk1;
206         if(nk1min>nk1)nk1min=nk1;
207         }
208
209         if(j>3)
210         {
211         if((abs(nk1max-nk1)<1000) && (nk1max<nk1))nk1max=nk1;
212         if((abs(nk1min-nk1)<1000) && (nk1min>nk1))nk1min=nk1;
213         }
214
215         fffnkdiff=nk1max-nk1min;
216
217         if(nkdiff>1000) nkdiff=nkdiff2;
218         nkdiff2=nkdiff;
219
220
221         result = resolution * (float)(nk1);
222
223         printf("result= %6.3fns Lock= %d Res.= %3.2f ps ERG= %5d nkx= %5d nkdiff= %d\n",
224         result,lock,1000.*resolution,nk1,nkx,nkdiff);
225         }
226         else
227         {printf(" >>>> Überlauf <<<\n");}
228
229         if (kbhit())
230         {
231             c=getch();
232             if (c=='i')
233             {
234                 printf("\Bitte drücken Sie ein Taste ...\n");
235                 while(!kbhit());
236                 getch();
237             }
238             if (c=='b') quit=TRUE;
239         }
240     } // ende while
241 }
242 }
```

Lightning Source UK Ltd.
Milton Keynes UK
UKHW010626040419

340481UK00002B/583/P